人畜共患病诊断与治疗

李向阳 著

中国农业科学技术出版社

图书在版编目（CIP）数据

人畜共患病诊断与治疗 / 李向阳著 .—北京：中国农业科学技术出版社，2016.5

ISBN 978 -7 -5116 -2625 -7

Ⅰ.①人… Ⅱ.①李… Ⅲ.①人畜—共患病—诊断—治疗—中国 Ⅳ.①S823.91

中国版本图书馆 CIP 数据核字（2016）第 116956 号

责任编辑 徐定娜 郑 瑛
责任校对 杨丁庆

出 版 者 中国农业科学技术出版社
北京市中关村南大街 12 号 邮编：100081
电 话 (010)82105169(编辑室) (010)82109702(发行部)
(010)82109709(读者服务部)
传 真 (010)82106650
网 址 http://www.castp.cn
经 销 各地新华书店
印 刷 北京富泰印刷有限责任公司
开 本 710mm ×1 000mm 1/16
印 张 9.75
字 数 176 千字
版 次 2016 年 5 月第 1 版 2016 年 5 月第 1 次印刷
定 价 30.00 元

项目简介

本书由以下项目资助出版：

• 国家自然基金项目——内蒙古东部区布鲁氏菌流行病学调查及分子标记疫苗研究（项目批准号：31260608）2013—2016 年。

• 内蒙古自治区高等学校科学技术研究重点项目——布鲁氏菌 16MSUCB 基因缺失株构建及免疫效果的研究（项目编号：NJZZ12117）2012—2014 年。

• 内蒙古通辽市校科技合作项目——家畜布鲁氏菌病流行病学调查及防控技术的研究（项目编号：SXZD2012131）2014—2016 年。

•内蒙古自治区自然科学基金项目（2015MS0—339）2016—2018 年。

目　录

第一章　人畜共患传染病概述

近年来，SARS、口蹄疫、疯牛病、禽流感、猴天花等，这些人畜共患疾病通过各种途径频频突袭人类。目前，已知至少有200多种以上动物传染病和寄生虫病可以传染给人类。人畜共患的传染病最常见的就有几十种，更可怕的是，新出现的各种感染性疾病，越来越呈现出“人禽共患”或“人畜共患”的关系。对于人畜共患疾病，从某种意义上说，人类对于来自动物尤其是家畜病患的威胁，抵御更为不易，历史上，鼠疫、疯牛病、H3N8、结核病、流感、口蹄疫等许多人畜共患疾病，已经给人类造成了灾难性危害。因此，我们有必要初步了解主要人畜共患疾病的预防知识，才能有效控制和消灭它。

第一节　人畜共患传染病和人畜共患传染病学的基本概念

一、人畜共患病的基本概念

人畜共患病是指由同一种病原体引起，流行病学上相互关联，在人类和动物之间自然传播的疫病。其病原包括病毒、细菌、支原体、螺旋体、立克次氏体、衣原体、真菌、寄生虫等。世界上已证实的人畜共患病约有200种。较重要的有89种（细菌病20种、病毒病27种、立克次体病10种、原虫病和真菌病5种）。中国现有人畜共患病约130种，2012年5月20日，国务院办公厅公布《国家中长期动物疫病防治规划（2012年防治规划公布年）》，将包括布鲁氏菌病在内的16种疫病划为“优先防治的国内动物疫病”。《规划》指出，布鲁氏菌病、狂犬病、包虫病等人畜共患病呈上升趋势，局部地区甚至出现暴发流行。

二、人畜共患病是如何分类的

人畜共患病的分类方法很多，总体来讲，可以根据病原、流行环节、分布范围、防控策略等需要分类。按病原分为三类：第一类为病毒性人畜共患病，如口蹄疫、狂犬病等；第二类为细菌性人畜共患病，如布鲁氏菌病、结核病等；第三类为寄生虫性人畜共患病，如血吸虫病、钩端螺旋体病等。

高致病性禽流感是禽流行性感冒的简称。是由A型禽流行性感冒病毒引起的一种禽类（家禽和野禽）传染病。禽流感病毒感染后可以表现为轻度的呼吸道症状、消化道症状，死亡率较低；或表现为较严重的全身性、出血性、败血性症状，死亡率较高。高致病性禽流感病毒可以直接感染人类，并造成死亡。

（一）简　介

高致病性禽流感（Highly Pathogenic Avian Influenza，简称HPAI）是由正黏病毒科流感病毒属A型流感病毒引起的以禽类为主的烈性传染病。世界动物卫生组织（OIE）将其列为必须报告的动物传染病，我国将其列为一类动物疫病。

根据禽流感致病性的不同，可以将禽流感分为高致病性禽流感、低致病性禽流感和无致病性禽流感。最近，国内外由H5N1血清型引起的禽流感称高致病性禽流感，发病率和死亡率都很高，危害巨大。

禽流感病毒可分为高致病性、低致病性和非致病性三大类。其中高致病性禽流感是由H5和H7亚毒株（以H5N1和H7N7为代表）引起的疾病。高致病性禽流感因其在禽类中传播快、危害大、病死率高，被世界动物卫生组织列为A类动物疫病，我国将其列为一类动物疫病。高致病性禽流感H5N1是不断进化的，其寄生的动物（又叫宿主）范围会不断扩大，可感染虎、家猫等哺乳动物，正常家鸭携带并排出病毒的比例增加，尤其是在猪体内更常被检出。

高致病性禽流感病毒可以直接感染人类。1997年，在我国的香港地区，高致病性禽流感病毒H5N1型导致了18人感染，6人死亡，首次证实高致病性禽流感可以危及人的生命。

截至2005年11月，发现H5N1病毒的流行国家和地区有：柬埔寨、中国内地、中国台湾、中国香港、印度尼西亚、日本、老挝、马来西亚、韩国、泰国、越南、蒙古、俄罗斯、哈萨克斯坦、土耳其、罗马尼亚、希腊等。从2003年12月1日—2006年4月20日，WHO共收到9个国家的205例经实验室确认的人感染H5N1病例报告。

人感染高致病性禽流感是《传染病防治法》中规定的按甲类传染病采取预防、控制措施的乙类传染病。

（二）诊 断

根据流行病学史、临床表现及实验室检查结果，排除其他疾病后，可以作出人禽流感的诊断。

1. 医学观察病例

有流行病学史，1 周内出现临床表现者。

与人禽流感患者有密切接触史，在 1 周内出现临床表现者。

2. 疑似病例

有流行病学史和临床表现，患者呼吸道分泌物标本采用甲型流感病毒和 H 亚型单克隆抗体抗原检测阳性者。

3. 确诊病例

有流行病学史和临床表现，从患者呼吸道分泌物标本中分离出特定病毒或采用 RT－PCR 法检测到禽流感 H 亚型病毒基因，且发病初期和恢复期双份血清抗禽流感病毒抗体滴度有 4 倍或以上升高者。

4. 鉴别诊断

临床上应注意与流感、普通感冒、细菌性肺炎、传染性非典型肺炎（SARS）、传染性单核细胞增多症、巨细胞病毒感染、衣原体肺炎、支原体肺炎等疾病进行鉴别诊断。

（三）治 疗

1. 对疑似和确诊患者应进行隔离治疗

2. 对症治疗

可应用解热药、缓解鼻黏膜充血药、止咳祛痰药等。儿童忌用阿司匹林或含阿司匹林以及其他水杨酸制剂的药物，避免引起儿童 Reye 综合症。

3. 抗流感病毒治疗

应在发病 48 小时内试用抗流感病毒药物。

（1）神经氨酸酶抑制剂奥司他韦（Oseltamivir，达菲），为新型抗流感病毒药物，试验研究表明对禽流感病毒 H5N1 和 H9N2 有抑制作用，成人剂量每日 150mg，儿童剂量每日 3 mg/kg，分 2 次口服，疗程 5 天。

（2）离子通道 M2 阻滞剂金刚烷胺（Amantadine）和金刚乙胺（Rimantadine）。金刚烷胺和金刚乙胺可抑制禽流感病毒株的复制。早期应用可阻止病情发展、减轻病情、改善预后。金刚烷胺成人剂量每日 100～200 mg，儿童每日 5 mg/kg，分 2 次口服，疗程 5 天。治疗过程中应注意中枢神经系统和胃肠道副作用。肾功能受损者酌减剂量。有癫痫病史者忌用。

4. 中医药治疗

参照时行感冒（流感）及风温肺热病进行辨证论治。

（1）治疗原则

及早使用中医药治疗。清热、解毒、化湿、扶正祛邪。

（2）中成药应用

应当辨证使用中成药，可与中药汤剂综合应用。

退热类：适用于发热期、喘憋期发热，可根据其药物组成、功能主治选用，如瓜霜退热灵胶囊、紫雪、新雪颗粒等。

清热解毒类：口服剂可选用清开灵口服液（胶囊）、双黄连口服液、清热解毒口服液（颗粒）、银黄颗粒、板蓝根冲剂、抗病毒胶囊（口服液）、藿香正气丸（胶囊）、葛根芩连微丸、羚羊清肺丸、蛇胆川贝口服液等，注射剂可选用清开灵注射剂、鱼腥草注射剂、双黄连粉针剂。

（3）分证论治

邪犯肺表

症状：初起发热，恶风或有恶寒，流涕、鼻塞、咳嗽、咽痛、头痛、全身不适、口干，舌苔白或黄，脉浮数。

治法：清热解毒，宣肺解表。

基本方及参考剂量：桑叶 30 g（先煎）、荆芥 15 g、菊花 15 g、杏仁 10 g、连翘 15 g、石膏 30 g（炒）、知母 15 g、大青叶 10 g、薄荷 6 g（后下）。

邪犯胃肠

症状：发热，恶风或有恶寒，恶心、或有呕吐、腹痛、腹泻、稀水样便；舌苔白腻或黄，脉滑数。

治法：清热解毒，化湿和中。

基本方及参考剂量：葛根 15 g、黄芩 15 g、黄连 10 g、木香 6 g、砂仁 3 g（后下）、制半夏 9 g、藿香 10 g、柴胡 15 g、苍术 10 g、茯苓 10 g、马齿苋 30 g。

上述两种证候随证加减

若患者出现胸闷、气短、口干甚者，可加党参、沙参；若咳痰不利，加天竺黄；若肺实变，加丹参、苡仁、葶苈子。

若患者出现喘憋、气促、神昏谵语、汗出肢冷、口唇紫绀、舌暗红少津、脉细微欲绝，去制半夏，加用人参、炮附子、麦冬、五味子；也可选用生脉注射液、参附注射液、清开灵注射液、醒脑静注射液。

5. 加强支持治疗和预防并发症

注意休息、多饮水、增加营养，给易于消化的饮食。密切观察、监测并预防并发症。抗菌药物应在明确或有充分证据提示继发细菌感染时使用。

6. 重症患者的治疗

重症或发生肺炎的患者应入院治疗，对出现呼吸功能障碍着给予吸氧及其他呼吸支持，发生其他并发症患者应积极采取相应治疗。

（四）预　防

加强禽类疾病的监测，一旦发现禽流感疫情，动物防疫部门立即按有关规定进行处理。养殖和处理的所有相关人员做好防护工作。

加强对密切接触禽类人员的监测。当这些人员中出现流感样症状时，应立即进行流行病学调查，采集病人标本并送至指定实验室检测，以进一步明确病原，同时应采取相应的防治措施。

接触人禽流感患者应戴口罩、戴手套、穿隔离衣。接触后应洗手。

要加强检测标本和实验室禽流感病毒毒株的管理，严格执行操作规范，防止医院感染和实验室的感染及传播。

注意饮食卫生，不喝生水，不吃未熟的肉类及蛋类等食品；勤洗手，养成良好的个人卫生习惯。

药物预防：对密切接触者必要时可试用抗流感病毒药物或按中医药辨证施防。

（五）传染途径

禽流感病毒可通过消化道和呼吸道进入人体传染给人，人类直接接触受禽流感病毒感染的家禽及其粪便或直接接触禽流感病毒也可以被感染。通过飞沫及接触呼吸道分泌物也是传播途径。如果直接接触带有相当数量病毒的物品，如家禽的粪便、羽毛、呼吸道分泌物、血液等，也可经过眼结膜和破损皮肤引起感染。

（六）患病表现

人类患上人感染高致病性禽流感后，起病很急，早期表现类似普通型流感。主要表现为发热，体温大多在 39 ℃以上，持续 1 ~ 7 d，一般为 3 ~ 4 d，可伴有流涕、鼻塞、咳嗽、咽痛、头痛、全身不适，部分患者可有恶心、腹痛、腹泻、稀水样便等消化道症状。除了上述表现之外，人感染高致病性禽流感重症患者还可出现肺炎、呼吸窘迫等表现，甚至可导致死亡。

（七）防范措施

对禽流感地区的家禽进行大规模扑杀；实行严格的隔离措施，同时实施广泛的疫苗注射；采取措施，防止禽流感向人传播；同国际组织密切合作，及时通报情况。

第二节　新颁布的人畜共患病名录

一、《人畜共患传染病名录》

中华人民共和国农业部公告（第1149号）发布了《人畜共患传染病名录》，自2009年1月19日发布之日起施行（含人畜共患传染病名录）。

人畜共患传染病名录包括牛海绵状脑病、高致病性禽流感、狂犬病、炭疽、布鲁氏菌病、弓形虫病、棘球蚴病、钩端螺旋体病、沙门氏菌病、牛结核病、日本血吸虫病、猪乙型脑炎、猪Ⅱ型链球菌病、旋毛虫病、猪囊尾蚴病、马鼻疽、野兔热、大肠杆菌病（O157 ：H7）、李氏杆菌病、类鼻疽、放线菌病、肝片吸虫病、丝虫病、Q热、禽结核病、利什曼病。

二、《一、二、三类动物疫病病种名录》

中华人民共和国农业部公告（第1125号）发布了《一、二、三类动物疫病病种名录》，对原名录进行了修订，自2008年12月11日发布之日起施行。1999年发布的农业部第96号公告同时废止（含一、二、三类动物疫病病种名录）。

《一、二、三类动物疫病病种名录》

一类动物疫病（17种）：

口蹄疫、猪水泡病、猪瘟、非洲猪瘟、高致病性猪蓝耳病、非洲马瘟、牛瘟、牛传染性胸膜肺炎、牛海绵状脑病、痒病、蓝舌病、小反刍兽疫、绵羊痘和山羊痘、高致病性禽流感、新城疫、鲤春病毒血症、白斑综合征。

二类动物疫病（77 种）：

多种动物共患病（9 种）：狂犬病、布鲁氏菌病、炭疽、伪狂犬病、魏氏梭菌病、副结核病、弓形虫病、棘球蚴病、钩端螺旋体病。

牛病（8 种）：牛结核病、牛传染性鼻气管炎、牛恶性卡他热、牛白血病、牛出血性败血病、牛梨形虫病（牛焦虫病）、牛锥虫病、日本血吸虫病。

绵羊和山羊病（2 种）：山羊关节炎脑炎、梅迪—维斯纳病。

猪病（12 种）：猪繁殖与呼吸综合征（经典猪蓝耳病）、猪乙型脑炎、猪细小病毒病、猪丹毒、猪肺疫、猪链球菌病、猪传染性萎缩性鼻炎、猪支原体肺炎、旋毛虫病、猪囊尾蚴病、猪圆环病毒病、副猪嗜血杆菌病。

马病（5 种）：马传染性贫血、马流行性淋巴管炎、马鼻疽、马巴贝斯虫病、伊氏锥虫病。

禽病（18 种）：鸡传染性喉气管炎、鸡传染性支气管炎、传染性法氏囊病、马立克氏病、产蛋下降综合征、禽白血病、禽痘、鸭瘟、鸭病毒性肝炎、鸭浆膜炎、小鹅瘟、禽霍乱、鸡白痢、禽伤寒、鸡败血支原体感染、鸡球虫病、低致病性禽流感、禽网状内皮组织增殖症。

兔病（4 种）：兔病毒性出血病、兔黏液瘤病、野兔热、兔球虫病。

蜜蜂病（2 种）：美洲幼虫腐臭病、欧洲幼虫腐臭病。

鱼类病（11 种）：草鱼出血病、传染性脾肾坏死病、锦鲤疱疹病毒病、刺激隐核虫病、淡水鱼细菌性败血症、病毒性神经坏死病、流行性造血器官坏死病、斑点叉尾鮰病毒病、传染性造血器官坏死病、病毒性出血性败血症、流行性溃疡综合征。

甲壳类病（6 种）：桃拉综合征、黄头病、罗氏沼虾白尾病、对虾杆状病毒病、传染性皮下和造血器官坏死病、传染性肌肉坏死病。

三类动物疫病（63 种）：

多种动物共患病（8 种）：大肠杆菌病、李氏杆菌病、类鼻疽、放线菌病、肝片吸虫病、丝虫病、附红细胞体病、Q 热。

牛病（5 种）：牛流行热、牛病毒性腹泻/黏膜病、牛生殖器弯曲杆菌病、毛滴虫病、牛皮蝇蛆病。

绵羊和山羊病（6 种）：肺腺瘤病、传染性脓疱、羊肠毒血症、干酪性淋巴结炎、绵羊疥癣，绵羊地方性流产。

马病（5 种）：马流行性感冒、马腺疫、马鼻腔肺炎、溃疡性淋巴管炎、马媾疫。

猪病（4种）：猪传染性胃肠炎、猪流行性感冒、猪副伤寒、猪密螺旋体痢疾。

禽病（4种）：鸡病毒性关节炎、禽传染性脑脊髓炎、传染性鼻炎、禽结核病。

蚕、蜂病（7种）：蚕型多角体病、蚕白僵病、蜂螨病、瓦螨病、亮热厉螨病、蜜蜂孢子虫病、白垩病。

犬猫等动物病（7种）：水貂阿留申病、水貂病毒性肠炎、犬瘟热、犬细小病毒病、犬传染性肝炎、猫泛白细胞减少症、利什曼病。

鱼类病（7种）：鮰类肠败血症、迟缓爱德华氏菌病、小瓜虫病、黏孢子虫病、三代虫病、指环虫病、链球菌病。

甲壳类病（2种）：河蟹颤抖病、斑节对虾杆状病毒病。

贝类病（6种）：鲍脓疱病、鲍立克次体病、鲍病毒性死亡病、包纳米虫病、折光马尔太虫病、奥尔森派琴虫病。

两栖与爬行类病（2种）：鳖腮腺炎病、蛙脑膜炎败血金黄杆菌病。

第三节　人畜共患传染病的危害

人畜共患病是一种传统的提法，是指人类与人类畜养的畜禽之间自然传播的疾病和感染疾病。但是20世纪70年代以来，全球范围新出现传染病（emerging infectious diseases，EID）和重新出现传染病（re-emerging infectious diseases，R-EID）达到60多种，其中半数以上是人兽共患病，即不仅是人类与其饲养的畜禽之间存在共患疾病，而且与野生脊椎动物之间也存在不少共患疾病，后者甚至在猛恶程度上甚于前者。于是，1979年世界卫生组织和联合国粮农组织将“人畜共患病”这一概念扩大为“人兽共患病”，即人类和脊椎动物之间自然感染与传播的疾病。而“人畜共患病”的概念医学界已不再使用。主要叙述的是人类与畜禽之间的共患疾病，未涉及人类与野生脊椎物动之间的共患疾病，因此姑且采用“人与畜禽共患疾病”的提法，只是要注意，这不是一个医学专有名词。

人与畜禽共患疾病包括由病毒、细菌、衣原体、立克次体、支原休、螺旋体、真菌、原虫和蠕虫等病原体所引起的各种疾病。

据有关文献记载，动物传染病有200余种，其中有半数以上可以传染给人类、另有100种以上的寄生虫病也可以感染人类。目前，全世界已证实的人与动物共患传染病和寄生性动物病有250多种，其中较为重要的有89种，我国已证实的人与动物共患病约有90种。

人与畜禽共患疾病的分类方式，世界各国不尽相同，可以从其病原、宿主、流行病学或病原的生活史等角度而有多种分类法。已经查明：人与畜禽共患疾病，主要是传染病和寄生虫病这两大类。传染病是由病毒和细菌等病原体引起的。在人与畜禽共患疾病之中，当前最重要的传染病有狂犬病、炭疽病、布氏杆菌病、结核病、鼻疽、钩端螺旋体病、土拉杆菌病、沙门氏菌病、鹦鹉热、日本吸血虫病、日本乙型脑炎和禽流行性感冒等。

（一）人与畜禽共患疾病的传播途径

通过唾液传播：如患狂犬病的猫、狗，它们的唾液中含有大量的狂犬病病毒，当猫狗咬伤人时，病毒就随唾液进入体内，引发狂犬病。

通过粪溺传播：粪便中含有各种病菌这是众所周知的。结核病、布氏杆菌病、沙门氏菌病等的病原体，都可借粪便污染人的食品、饮水和用物而传播。大多数的寄生虫虫卵就存在粪内。钩端螺旋体病的病原是经由尿液传播的。

有病的畜禽在流鼻涕、打喷嚏和咳嗽时，常会带出病毒或病菌，并在空气中形成有传染性的飞沫，散播疾病。

畜禽的全身被毛和皮肤垢屑里，往往含有各种病毒、病菌、疥螨、虱子等，它们有的就是某种疾病的病原体，有的则是疾病的传播媒介。某些宠物爱好者如果不注意个人防范，任意与动物拥抱、亲吻、食同桌、寝同床，是有可能从它们身上染上共患病的。

（二）人与畜禽共患疾病的防治方法

由于职业等原因与动物接触频繁的人，要经常注意个人的卫生防护，当身上皮肤有破损时，更要小心防止从畜禽感染上病毒或病菌；动物养殖场里人的生活区要远离动物饲养区；饲养宠物的人士要学习一些有关人与畜禽共患疾病的知识，知道宠物应定期进行某些疾病的预防接种，懂得任意与宠物拥抱、亲吻、食同桌、寝同床这些过分亲热的行为都是不卫生和有害的；食物要讲究卫生，如选用经过检验的乳、肉、蛋品，并提倡熟食。食生蛋、食生鱼、饮蛇血、吃醉蟹等不良爱好，都有可能从动物染上共患病，小心为好。

第二章　常见人畜共患病

第一节　猪流行性乙型脑炎

一、猪流行性乙型脑炎概念及基本情况

猪乙型脑炎一般指猪流行性乙型脑炎。由乙型脑炎病毒引起。主要以母猪流产、死胎和公猪睾丸炎为特征。

别称：猪流行性乙型脑炎。

多发群体：急性人兽共患传染病。

常见病因：母猪流产。

常见症状：乙型脑炎病毒引起。

（一）病症简介

日本乙型脑炎又名流行性乙型脑炎，是由日本乙型脑炎病毒引起的一种急性人兽共患传染病。猪主要特征为高热、流产、死胎和公猪睾丸炎。

（二）流行病学

乙型脑炎是自然疫源性疫病，许多动物感染后可成为本病的传染源，猪的感染最为普遍。本病主要通过蚊的叮咬进行传播，病毒能在蚊体内繁殖，并可越冬，经卵传递，成为次年感染动物的来源。由于经蚊虫传播，因而流行与蚊虫的孳生及活动有密切关系，有明显的季节性，80%的病例发生在7—9三个月；猪的发病年龄与性成熟有关，大多在6月龄左右发病，其特点是感染率高，发病率低（20%～30%），死亡率低；新疫区发病率高，病情严重，以后逐年减轻，最后多呈无症状的带毒猪。

二、临诊症状

猪感染乙脑时，临诊上几乎没有脑炎症状的病例；猪常突然发生，体温升

至 40～41℃，稽留热，病猪精神萎缩，食欲减少或废绝，粪干呈球状，表面附着灰白色黏液；有的猪后肢呈轻度麻痹，步态不稳，关节肿大，跛行；有的病猪视力障碍；最后麻痹死亡。妊娠母猪突然发生流产，产出死胎、木乃伊和弱胎，母猪无明显异常表现，同胎也见正产胎儿。公猪除有一般症状外，常发生一侧性睾丸肿大，也有两侧性的，患病睾丸阴囊皱襞消失、发亮，有热痛感，约经 3～5 d 后肿胀消退，有的睾丸变小变硬，失去配种繁殖能力。如仅一侧发炎，仍有配种能力。

（一）病理变化

流产胎儿脑水肿，皮下血样浸润，肌肉似水煮样，腹水增多；木乃伊胎儿从拇指大小到正常大小；肝、脾、肾有坏死灶；全身淋巴结出血；肺瘀血、水肿。子宫黏膜充血、出血和有黏液。胎盘水肿或见出血。公猪睾丸实质充血、出血和小坏死灶；睾丸硬化者，体积缩小，与阴囊粘连，实质结缔组织化。

（二）诊　断

由于本病隐性感染机会多，血清学反应都会出现阳性，需采取双份血清，检查抗体上升情况，结合临诊症状，才有诊断价值。

（三）鉴别诊断

须与布鲁氏菌病、伪狂犬病等鉴别。

三、防治方法

无治疗方法，一旦确诊最好淘汰。做好死胎儿、胎盘及分泌物等的处理；驱灭蚊虫，注意消灭越冬蚊；在流行地区猪场，在蚊虫开始活动前 1～2 个月，对 4 月龄以上至 2 岁的公母猪，应用乙型脑炎弱毒疫苗进行预防注射，第二年加强免疫一次，免疫期可达 3 年，有较好的预防效果。

四、防治措施

［处方 1］

康复猪血清 40 mL 用法：一次肌肉注射。

10% 磺胺嘧啶钠注射液 20～30 mL25% 葡萄糖注射液 40～60 mL 用法：一

次静脉注射。

10%水合氯醛20 mL。用法：一次静脉注射。

［**处方2**］

生石膏120 g、板蓝根120 g、大青叶60 g、生地30 g、连翘30 g、紫草30 g、黄芩20 g。用法：水煎一次灌服，每日一剂，连用3剂以上。

［**处方3**］

生石膏80 g、大黄10 g、元明粉20 g、板蓝根20 g、生地20 g、连翘20 g。用法：共研细末，开水冲服，日服2次，每日一剂，连用1～2 d。水煎一次灌服，每日一剂，连用3剂以上。

［**处方4**］

针炙穴位：天门、脑俞、大椎、太阳等，并配以耳门、涌泉、滴水等穴。针法：白针或血针说明：防蚊灭蚊，根除传染媒介是预防本病的根本措施。夏季圈舍每周2次喷杀虫剂，如倍硫磷、敌敌畏、灭害灵等可有效减少本病的发生。

五、研究进展

余波等（2010）为调查贵州省猪乙型脑炎病毒（Japanese encephalitis virus，JEV）的隐性感染率和使用疫苗后的血清抗体水平，采用间接酶联免疫吸附试验（ELISA）对贵州省规模化养猪场和农村散养户共764头猪血清样本进行了JEV抗体水平检测。结果表明，未免疫猪群JEV的血清抗体阳性率为13.25%；而免疫猪群中JEV的血清抗体阳性率为82.18%；表明JEV的免疫效果比较理想，但未免疫猪群存在JEV感染，应引起重视。

第二节　狂犬病

一、狂犬病概念及基本情况

狂犬病乃狂犬病毒所致的急性传染病，人兽共患，多见于犬、狼、猫等肉食动物，人多因被病兽咬伤而感染，临床表现为特有的恐水怕风、咽肌痉挛、进行性瘫痪等。因恐水症状比较突出，故本病又名恐水症。

别称：恐水症。

英文名称：rabies，Hydrophobia。

就诊科室：呼吸内科。

常见病因：狂犬病毒。

传染性：有。

传播途径：病犬，病猫，病狼等。

积极预防狂犬病，被流浪动物咬伤或抓伤后，应立即用肥皂水反复冲洗伤口，至少冲洗 30 min。

（一）病　因

主要是由狂犬病毒通过动物传播给人的一种严重的急性传染病。传染源主要为病犬、其次为病猫及病狼等。其发病因素与咬伤部位、创伤程度、伤口处理情况及注射疫苗与否有关。

（二）临床表现

潜伏期长短不一，多数在 3 个月以内，潜伏期的长短与年龄（儿童较短）、伤口部位（头面部咬伤的发病较早）伤口深浅、入侵病毒的数量及毒力等因素有关。其他如扩创不彻底、外伤、受寒、过度劳累等，均可能使疾病提前发生。典型临床表现过程可分为以下三期。

1. 前驱期或侵袭期

在兴奋状态出现之前，大多数患者有低热、食欲不振、恶心、头痛、倦怠、周身不适等，酷似“感冒”；继而出现恐惧不安，对声、光、风、痛等较敏感，并有喉咙紧缩感。较有诊断意义的早期症状是伤口及其附近感觉异常，有麻、痒、痛及蚁走感等，此乃病毒繁殖时刺激神经元所致，持续 2 ~4 d。

2. 兴奋期

患者逐渐进入高度兴奋状态，突出表现为极度恐怖、恐水、怕风、发作性咽肌痉挛、呼吸困难、排尿排便困难及多汗流涎等。

3. 麻痹期

痉挛停止，患者逐渐安静，但出现迟缓性瘫痪，尤以肢体软瘫为多见。眼肌、颜面肌肉及咀嚼肌也可受累，表现为斜视、眼球运动失调、下颌下坠、口不能闭、面部缺少表情的等。

狂犬病的整个病程一般不超过 6 d，偶见超过 10 d 者。此外，尚有已瘫痪为主要表现的“麻痹型”或“静型”，也称哑狂犬病，该型患者无兴奋期及恐水现象，而以高热、头痛、呕吐、咬伤处疼痛开始，继而出现肢体软弱、腹胀、共济失调、肌肉瘫痪、大小便失禁等。病程长达 10 d，最终因呼吸肌麻痹与延髓性麻痹而死亡。吸血蝙蝠啮咬所致的狂犬病常属此型。

（三）检　查

（1）血、尿常规及脑脊液检查。周围血白细胞总数（12～30）×0 血白细胞不等，中性粒细胞一般占 80% 以上，尿常规检查可发现轻度蛋白尿，偶有透明管型，脑脊液压力可稍增高，细胞数稍微增多，一般不超过 200 尿常规检查可，主要为淋巴细胞，蛋白质增高，可达 2. 0 g/L 以上，糖及氯化物正常。

（2）病毒分离。唾液及脑脊液常用来分离病毒，唾液的分离率较高。

（3）抗原检查。

（4）核酸测定。采用 PCR 法测定 RNA，特邀标本检查的阳性率较高。

（5）动物接种。

（6）抗体检查。用于检测再去的 IgM，病后 8 d，50% 血清为阳性，15 d 时全部阳性。血清中和抗体于病后 6 d 测得，细胞疫苗注射后，中和抗体效价可达数千，接种疫苗后不超过 1∶1 000，而患者可达 1∶10 000 以上。

二、诊　断

早期易误诊，儿童及咬伤史不明确者犹然。已在发作阶段的患者，根据被咬伤史、突出的临床表现，免疫荧光试验阳性则可确立诊断。

（一）鉴别诊断

本病需与破伤风、病毒性脑膜脑炎、脊髓灰质炎等鉴别。

（二）并发症

可出现不适当抗利尿激素分泌，尚可并发肺炎、气胸、纵隔气肿、心律不齐、心衰、动静脉栓塞、上腔静脉阻塞、上消化道出血、急性肾衰竭等。

三、治　疗

（一）单室严格隔离，专人护理

安静卧床休息，防止一切音、光、风等刺激，大静脉插管行高营养疗法，医护人员须戴口罩及手套、穿隔离衣。患者的分泌物、排泄物及其污染物，均须严格消毒。

（二）积极做好对症处理，防治各种并发症

神经系统有恐水现象者应禁食禁饮，尽量减少各种刺激。痉挛发作可予苯妥英、地西泮等。脑水肿可予甘露醇及速尿等脱水剂，无效时可予侧脑室引流。

垂体功能障碍抗利尿激素过多者应限制水分摄入，尿崩症者予静脉补液，用垂体后叶升压素。

呼吸系统吸气困难者予气管切开，发绀、缺氧、肺萎陷不张者给氧、人工呼吸，并发肺炎者予物理疗法及抗菌药物。气胸者，施行肺复张术。注意防止误吸性肺炎。

心血管系统心律紊乱多数为室上性，与低氧血症有关者应给氧，与病毒性心肌炎有关者按心肌炎处理。低血压者予血管收缩剂及扩容补液。心力衰竭者限制水分，应用狄高辛等强心剂。动脉或静脉血栓形成者，可交换静脉插管；如有上腔静脉阻塞现象，应拔除静脉插管。心动骤停者施行复苏术。

其他贫血者输血，胃肠出血者输血、补液。高热者用冷褥，体温过低者予热毯，血容量过低或过高者，应及时予以调整。

四、研究进展

李贤相（2009）认为，患者有被动物咬伤的病史、伤口感觉异常和“恐水”症状，临床作出狂犬病的诊断并不困难。免疫荧光抗体法是一种迅速而特异性很强的诊断方法，已广泛应用。发病第一周内取唾液、鼻咽洗液、角膜印片、皮肤切片，用荧光抗体染色，可发现阳性。还可应用 RT－PCR 方法检测病毒核酸。死亡后脑组织标本分离病毒阳性、印片荧光抗体染色阳性、脑组织内检测到内基氏小体、RT－PCR 方法检测到狂犬病病毒核酸均可确诊。

第三节　炭　疽

一、炭疽概念及基本情况

炭疽一般指炭疽病，炭疽是由炭疽杆菌所致，一种人畜共患的急性传染

病。人因接触病畜及其产品及食用病畜的肉类而发生感染。临床上主要表现为皮肤坏死、溃疡、焦痂和周围组织广泛水肿及毒血症症状，皮下及浆膜下结缔组织出血性浸润；血液凝固不良，呈煤焦油样，偶可引致肺、肠和脑膜的急性感染，并可伴发败血症。自然条件下，食草兽最易感，人类中等敏感，主要发生于与动物及畜产品加工接触较多及误食病畜肉的人员。

英文名称：anthracnose。

就诊科室：感染科。

常见症状：皮损处有黑痂形成、周围组织有非凹陷性水肿，寒战、高热，呕吐、腹痛、水样腹泻。

传染性：有。

传播途径：接触感染。

（一）病　因

炭疽散布于世界各地，尤以南美洲、亚洲及非洲等牧区较多见，呈地方性流行，是一种自然疫源性疾病。近年来，由于世界各国的皮毛加工等集中于城镇，炭疽也暴发于城市，成为重要职业病之一。

1. 传染源

患病的牛、马、羊、骆驼等食草动物是人类炭疽的主要传染源。猪可因吞食染菌青饲料；狗、狼等食肉动物可因吞食病畜肉类而感染得病，成为次要传染源。炭疽患者的分泌物和排泄物也具传染性。

2. 传播途径

人感染炭疽杆菌主要通过工业和农业两种方式。接触感染是本病流行的主要途径。皮肤直接接触病畜及其皮毛最易受染，吸入带大量炭疽芽胞的尘埃、气溶胶或进食染菌肉类，可分别发生肺炭疽或肠炭疽。应用未消毒的毛刷，或被带菌的昆虫叮咬，偶也可致病。

3. 易感者人群

主要取决于接触病原体的程度和频率。青壮年因职业（农民、牧民、兽医、屠宰场和皮毛加工厂工人等）关系与病畜及其皮毛和排泄物、带芽胞的尘埃等的接触机会较多，其发病率也较高。

（二）临床表现

潜伏期1 ~5 d，最短仅12 h，最长12 d。临床可分以下五型。

1. 皮肤炭疽

最为多见，可分炭疽痈和恶性水肿两型。炭疽多见于面、颈、肩、手和脚等裸露部位皮肤，初为丘疹或斑疹，第 2 d 顶部出现水疱，内含淡黄色液体，周围组织硬而肿，第 3 ~4 d 中心区呈现出血性坏死，稍下陷，周围有成群小水疱，水肿区继续扩大。第 5 ~7 d 水疱坏死破裂成浅小溃疡，血样分泌物结成黑色似炭块的干痂，痂下有肉芽组织形成为炭疽痈。周围组织有非凹陷性水肿。黑痂坏死区的直径大小不等，自 1 ~2 cm 至 5 ~6 cm，水肿区直径可达5 ~20 cm，坚实、疼痛不著、溃疡不化脓等为其特点。继之水肿渐退，黑痂在1 ~2 周内脱落，再过 1 ~2 周愈合成疤。发病 1 ~2 d 后出现发热、头痛、局部淋巴结肿大及脾肿大等。

少数病例局部无黑痂形成而呈现大块状水肿，累及部位大多为组织疏松的眼睑、颈、大腿等，患处肿胀透明而坚韧，扩展迅速，可致大片坏死。全身毒血症明显，病情危重，若治疗贻误，可因循环衰竭而死亡。如病原菌进入血液，可产生败血症，并继发肺炎及脑膜炎。

2. 肺炭疽

大多为原发性，由吸入炭疽杆菌芽胞所致，也可继发于皮肤炭疽。起病多急骤，但一般先有 2 ~4 d 的感冒样症状，且在缓解后再突然起病，呈双相型。临床表现为寒战、高热、气急、呼吸困难、喘鸣、发绀、血样痰、胸痛等，有时在颈、胸部出现皮下水肿。肺部仅闻及散在的细湿啰音，或有脑膜炎体征，体征与病情严重程度常不成比例。患者病情大多危重，常并发败血症和感染性休克，偶也可继发脑膜炎。若不及时诊断与抢救，则常在急性症状出现后24 ~48 d 因呼吸、循环衰竭而死亡。

3. 肠炭疽

可表现为急性胃肠炎型和急腹症型。前者潜伏期 12 ~18 d，同食者可同时或相继出现严重呕吐、腹痛、水样腹泻，多于数日内迅速康复。后者起病急骤，有严重毒血症症状、持续性呕吐、腹泻、血水样便、腹胀、腹痛等，腹部有压痛或呈腹膜炎征象，若不及时治疗，常并发败血症和感染性休克而于起病后 3 ~4 d 内死亡。

4. 脑膜型炭疽

大多继发于伴有败血症的各型炭疽，原发性偶见。临床症状有剧烈头痛、呕吐、抽搐，明显脑膜刺激征。病情凶险，发展特别迅速，患者可于起病 2 ~4 d 内死亡。脑脊液大多呈血性。

5. 败血型炭疽

多继发于肺炭疽或肠炭疽，由皮肤炭疽引起者较少。可伴高热、头痛、出血、呕吐、毒血症、感染性休克、DIC（弥散性血管内凝血）等。

（三）检　查

1. 周围血象

白细胞总数大多增高（10～20）×0 胞总数大，少数可高达（60～80）×0 数可高达，分类以中性粒细胞为高。

2. 涂片检查

取水疱内容物、病灶渗出物、分泌物、痰液、呕吐物、粪便、血液及脑脊液等作涂片，可发现病原菌，涂片中发现病原菌时可作革兰或荚膜染色，亦可作各种特异性荧光抗体（抗菌体，抗荚膜、抗芽胞、抗噬菌体等）染色检查。

3. 培　养

检材应分别接种于血琼脂平板、普通琼脂平板、碳酸氢钠平板。血标本应事先增菌培养。如见可疑菌落，则根据生物学特征及动物试验进行鉴定，如青霉素串珠和抑制试验、噬菌体裂解试验等。

4. 动物接种

取患者的分泌物、组织液或所获得的纯培养物接种于小白鼠或豚鼠等动物的皮下组织，如注射局部处于 24 h 出现典型水肿，动物大多于 36～48 h 内死亡，在动物内脏和血液中有大量具有荚膜的炭疽杆菌存在。

5. 鉴定试验

用以区别炭疽杆菌与各种类炭疽杆菌（枯草杆菌、蜡样杆菌、蕈状杆菌、嗜热杆菌等），主要有串珠湿片法、特异性荧光抗体（抗菌体、抗荚膜、抗芽胞、抗噬菌体等）染色法，W 噬菌体裂解试验、碳酸氢钠琼脂平板 CO_2 培养法、青霉素抑制试验、动物致病试验、荚膜肿胀试验、动力试验、溶血试验、水杨酸苷发酵试验等。

6. 免疫学试验

有间接血凝法，ELISA（酶联免疫吸附实验）法、酶标－SPA 法、荧光免疫法等，用以检测血清中的各种抗体，特别是荚膜抗体及血清抗毒性抗体，一般用于回顾性诊断和流行病学调查之用。阿斯可里沉淀试验，对已腐败或干涸的标本，做细菌培养有困难时可采用本试验。如患者、病畜的病灶痂皮、尸体组织及血液、染菌的皮毛及其制品等标本，加水经煮沸或高压提出抗原成分与炭疽沉淀素血清做环状沉淀试验，以间接证明有无炭疽杆菌感染，但本法常出现一些假阳性，对其结果判定应慎重。

（四）诊　断

患者如与牛、马、羊等有频繁接触的农牧民、工作与带芽胞尘埃环境中的皮毛接触，皮革加工厂的工人等，对本病诊断有重要参考价值。皮肤炭疽具一定特征性，一般不难作出诊断。确诊有赖于各种分泌物、排泄物、血、脑脊液等的涂片检查和培养。涂片检查最简便，如找到典型而具荚膜的大杆菌，则诊断即可基本成立。荧光抗体染色、串珠湿片检查、特异噬菌体试验、动物接种等可进一步确立诊断。

二、鉴别诊断

皮肤炭疽须与痈、蜂窝织炎、恙虫病的焦痂、兔热病的溃疡等相鉴别。肺炭疽需与各种肺炎、肺鼠疫相鉴别。肠炭疽需与急性菌痢及急腹症相鉴别。脑膜炎型炭疽和败血症型炭疽应与各种脑膜炎、蛛网膜下腔出血和败血症相鉴别。治疗方法如下。

（一）对症治疗

对患者应严格隔离，对其分泌物和排泄物按芽胞的消毒方法进行消毒处理。必要时于静脉内补液，出血严重者应适当输血。皮肤恶性水肿者可应用肾上腺皮质激素，对控制局部水肿的发展及减轻毒血症有效，一般可用氢化可的松，短期静滴，但必须在青霉素的保护下采用。有 DIC 者，应及时应用肝素、双嘧达莫（潘生丁）等。

（二）局部治疗

对皮肤局部病灶除取标本作诊断外，切忌挤压，也不宜切开引流，以防感染扩散而发生败血症。局部可用 1∶2 000 高锰酸钾液洗涤，敷以四环素软膏，用消毒纱布包扎。

（三）病原治疗

对皮肤炭疽，青霉素分次肌注，疗程 7～10 d。对肺炭疽、肠炭疽、脑膜炎型及败血症型炭疽应做静脉滴注，并同时合用氨基糖苷类，疗程需延长至 2～3 周以上。

对青霉素过敏者可采用环丙沙星、四环素、链霉素、红霉素及氯霉素等抗生素。抗炭疽血清治疗目前已少用。对毒血症严重者除抗生素治疗外，可同时应用抗炭疽血清肌注或静脉注射，应用前需做皮试。

三、研究进展

孙学斌等（2013）认为，最急性炭疽病鹿突然倒地死亡，生前无特殊症状。急性，亚急性病例可见到一些临床症状，根据临床症状较难确诊。炭疽病的确诊主要是根据细菌学和血清学检查（沉淀反应）才能确诊。

第四节　弓形虫病

一、弓形病概念及基本情况

弓形虫病又称弓形体病，是由刚地弓形虫所引起的人畜共患病。它广泛寄生在人和动物的有核细胞内。在人体多为隐性感染；发病者临床表现复杂，其症状和体征又缺乏特异性，易造成误诊，主要侵犯眼、脑、心、肝、淋巴结等。弓形虫是孕期宫内感染导致胚胎畸形的重要病原体之一。本病与艾滋病（AIDS）的关系亦密切。

别称：弓形体病。

英文名称：toxoplasmosis。

就诊科室：传染科。

多发群体：先天性缺陷婴幼儿。

常见发病部位：眼，脑，心，肝，淋巴结。

（一）病　因

由刚地弓形虫所引起，呈全球流行。特殊人群如肿瘤患者、免疫抑制或免疫缺陷患者、先天性缺陷婴幼儿感染率较高。

（二）临床表现

一般分为先天性和后天获得性两类，均以隐性感染为多见。临床症状多由新近急性感染或潜在病灶活化所致。

先天性弓形虫病的临床表现复杂。多数婴儿出生时可无症状，其中部分于出生后数月或数年发生视网膜脉络膜炎、斜视、失明、癫痫、精神运动或智力迟钝等。下列不同组合的临床表现：视网膜脉络膜炎、脑积水、小头畸形、无脑儿、颅内钙化等应考虑本病可能。

后天获得性弓形虫病病情轻重不一，免疫功能正常的宿主可表现急性淋巴结炎最为多见，约占90%。免疫缺损者如艾滋病、器官移植、恶性肿瘤（主要为霍杰金病等）常有显著全身症状，如高热、斑丘疹、肌痛、关节痛、头痛、呕吐、谵妄，并发生脑炎、心肌炎、肺炎、肝炎、胃肠炎等。

眼弓形虫病多数为先天性，后天所见者可能为先天潜在病灶活性所致。临床上有视力模糊、盲点、怕光、疼痛、泪溢、中心性视力缺失等，很少有全身症状。炎症消退后视力改善，但常不完全恢复。可有玻璃体混浊。

（三）检　查

1. 病原学检查

将可疑病畜或死亡动物的组织或体液，做涂片、压片或切片，甲醇固定后，做瑞氏或姬氏染色镜检可找到弓形虫滋养体或包囊。

2. 用 PCR 方法检测特异性核酸

3. 血清学诊断

间接荧光抗体试验、间接血凝抑制试验、酶联免疫吸附试验和补体结合试验检测特异性 IgM、IgG、IgA 抗体或血清循环抗原。

（四）诊　断

具有临床症状和特征。

排除其他与之相混淆的疾病。

病原学阳性者。

检测特异性 IgM、IgG、IgA 抗体三项中有两项阳性者。

（五）治　疗

多数用于治疗本病的药物对滋养体有较强的活性，而对包囊阿齐霉素和阿托伐醌可能有一定作用外，余均无效。

（1）免疫功能正常者：

方案1：磺胺嘧啶和乙胺嘧啶联合。

方案2：乙酰螺旋霉素：一日3次口服

方案3：阿奇霉素：顿服。可与磺胺药联合应用（用法同前）。

方案4：克林霉素：一日3次口服。可与磺胺药联合应用（用法同前）。

（2）免疫功能低下者：可采用上述各种用药方案，但疗程宜延长，可同时加用γ疫干扰素治疗。

（3）孕妇可用乙酰螺旋霉素（或克林霉素或阿奇霉素）。

（4）新生儿可采用螺旋霉素（或乙胺嘧啶）+磺胺嘧啶，或阿奇霉素。

（5）眼部弓形虫病可用，①磺胺类药物+乙胺嘧啶（或螺旋霉素）：疗程至少一个月。②克林霉素：每日4次，至少连服3周。若病变涉及视网膜斑和视神经头时，可加用短程肾上腺皮质激素。

二、预　后

本病预后和虫株毒力及受感染者的感受性有关。

本病先天性的预后多较严重，不治疗的病例的病死率约12%。最常见的后遗症为视网膜脉络膜炎，其次为脑内钙化、精神障碍、脑积水、小脑畸形和抽搐等。

本病获得性如及时治疗，预后多较好。中等度急性获得性如不治疗，淋巴结肿大等症状可持续数月，但多无不良后果而自然消退。特异性治疗可以缩短病程。多器官被侵犯时，特别有免疫抑制的病例，后果非常严重。

做好孕前、孕中检查。

家猫最好用干饲料和烧煮过的食物喂养，定期清扫猫窝，但孕妇不要参与清扫。

低温（-13 ℃）和高温（67 ℃）均可杀死肉中的弓形虫。

操作过肉类的手、菜板、刀具等，以及接触过生肉的物品要用肥皂水和清水冲洗。

蔬菜在食用前要彻底清洗。

提高医务人员和畜牧兽医人员对本病的认识及掌握本病的诊断和治疗方法。对人群和动物特别是家畜的感染情况及其有关因素进行调查，以便制定切实可行的防治措施。

做好水、粪等两管五改工作，要特别注意防止可能带有弓形体卵囊的猫粪污染水源、食物和饲料等。

三、研究进展

冯嘉轩等（2016）认为，显微镜检查和活体检查是针对弓形虫检查的“金标准”，虽然准确性高，但操作复杂，不便于大样本筛查。临床上更多应用血清学检测方法检测弓形虫特异性抗体或循环抗原，具有较高的准确性，操作简便快捷，临床上经常使用，也适用于流行病学调查。在诊断弓形虫病的方法中，分子生物学方法最为标准化。综合运用分子生物学和生物技术，可能为诊断弓形虫病提供全新的思路。

第五节　钩端螺旋体病

一、钩端螺旋体病概念及基本情况

钩端螺旋体病（简称钩体病）是由各种不同型别的致病性钩端螺旋体（简称钩体）所引起的一种急性全身性感染性疾病，属自然疫源性疾病，鼠类和猪是两大主要传染源。其流行几乎遍及全世界，在东南亚地区尤为严重。我国大多数省、市、自治区都有本病的存在和流行。临床特点为起病急骤，早期有高热，全身酸痛、软弱无力、结膜充血、腓肠肌压痛、表浅淋巴结肿大等钩体毒血症状；中期可伴有肺出血，肺弥漫性出血、心肌炎、溶血性贫血、黄疸，全身出血倾向、肾炎、脑膜炎，呼吸功能衰竭、心力衰竭等靶器官损害表现；晚期多数病例恢复，少数病例可出现后发热、眼葡萄膜炎以及脑动脉闭塞性炎症等多种与感染后的变态反应有关的后发症。肺弥漫性出血、心肌炎、溶血性贫血等与肝、肾衰竭为常见致死原因。

就诊科室：感染科。

常见发病：致病性钩体。

常见症状：高热，全身酸痛，软弱无力，结膜充血，腓肠肌压痛，表浅淋巴结肿大等

（一）病　因

致病性钩体为本病的病原。钩体呈细长丝状，圆柱形，螺旋盘绕细致，有12～18个螺旋，规则而紧密，状如未拉开弹簧表带样。钩体的一端或两端弯

曲成钩状，使菌体呈 C 字形或 S 字形。菌体长度不等，一般为 6 ~ 20μm，平均6 ~ 10μm，直径平均为 0. 1 ~ 0. 2μm。钩体运动活泼，沿长轴旋转运动，菌体中央部分较僵直，两端柔软，有较强的穿透力。

（二）临床表现

潜伏期 2 ~ 20 d。因受染者免疫水平的差别以及受染菌株的不同，可直接影响其临床表现。

1. 早期（钩体血症期）

多在起病后 3 天内，本期突出的表现是：发热、头痛、全身乏力、眼结膜充血、腓肠肌压痛、全身表浅淋巴结肿大。本期还可同时出现消化系统症状如恶心、呕吐、纳呆、腹泻；呼吸系统症状如咽痛、咳嗽、咽部充血、扁桃体肿大。部分患者可有肝、脾肿大，出血倾向。极少数患者有中毒精神症状。

2. 中期（器官损伤期）

在起病后 3 ~ 14 d，此期患者经过了早期的感染中毒败血症之后，出现器官损伤表现，如咯血、肺弥漫性出血、黄疸、皮肤黏膜广泛出血、蛋白尿、血尿、管型尿和肾功能不全、脑膜脑炎等。

此期的临床表现是划分以下各型的主要依据，分为流感伤寒型、肺出血型、黄疸出血型、肾功能衰竭型、脑膜脑炎型。

3. 恢复期或后发症期

患者热退后各种症状逐渐消退，但也有少数患者退热后经几日到 3 个月左右再次发热，出现症状，称后发症。表现为后发热、眼后发症、神经系统后发症、胫前热等症状。

（三）检　查

1. 常规检查与血液生化检查

无黄疸病例的血白细胞总数和中性粒细胞数正常或轻度升高；黄疸病例的白细胞计数大多增高，中性粒细胞计数增高。尿常规检查中多数患者有轻度蛋白尿、白细胞、红细胞或管型出现，黄疸病例有胆红素增高。一般在病期第 1 ~2 周内持续上升，第 3 周逐渐下降，可持续到 1 个月以后，血清转氨酶可以升高，但增高的幅度与病情的轻重并不平行，不能以转氨酶增高的幅度作为肝脏受损的直接指标。半数病例有肌酸磷酸激酶（CPK）增高（平均值是正常值的 5 倍）。

2. 特异性检测

有病原体分离和血清学试验两种方法。均是用已知钩体抗原检测血中出现的相应抗体，不能做到早期诊断。近年来开展了乳胶凝集抑制试验，反向间接血凝试验与间接荧光抗体染色试验等可以测出血中早期存在的钩体，已取得了早期诊断的初步成果。

二、诊　断

结合临床表现、实验室检查等综合分析加以诊断。

三、治　疗

（一）一般治疗

强调早期卧床休息，给予易消化饮食，保持体液与电解质的平衡，如体温过高，应反复进行物理降温至 38 ℃左右。在患者家中、门诊或入院 24 h 内特别在 6 ~ 24 h 内密切观察病情，警惕青霉素治疗后的雅-赫反应与肺弥漫性出血的出现。患者尿应采用石灰、含氯石灰等消毒处理。

（二）早期及钩体血症型的治疗

（1）抗菌药物治疗。
（2）镇静药物治疗。
（3）肾上腺皮质激素治疗。

（三）肺弥漫性出血型的治疗

（1）抗菌药物治疗。
（2）镇静药物治疗。
（3）肾上腺皮质激素治疗。
（4）输液。
（5）强心药物治疗。

（四）黄疸出血型的治疗

对轻、中度患者，在抗菌疗法的基础上，适当对症治疗即可，对重症患者，应加强下述疗法。

（1）出血处理。

（2）精心护理。

（3）保护肝脏。

（五）肾衰竭型的治疗

对轻症患者，在抗菌疗法的基础上，适当对症治疗，肾脏损害大多可自行恢复。对重症患者，需进行透析治疗，并注意水电解质平衡。

（六）后发症的治疗

后发热、反应性脑膜炎等后发症，一般仅采取对症治疗，短期即可缓解。必要时，可短期加用肾上腺皮质激素，则恢复更快。

四、预　后

因临床类型不同，各地报告本病的预后有很大的差别。轻型病例或亚临床型病例预后良好，而重型病例或住院病例病死率则较高。

五、预　防

钩端螺旋体病的预防和管理需采取综合的措施，这些措施应包括动物宿主的消灭和管理，疫水的管理、消毒和个人防护等方面。

六、研究进展

刘波等（2012）收集2006—2010年全国疾病监测信息报告管理系统的报告数据和全国钩体病监测哨点的病例信息，利用描述性流行病学方法进行分析。中国钩体病病例报告数继续减少，年均719例，合计病死率为2.47%。近年来，我国钩体病疫情维持在较低水平，但流行因素仍广泛存在，病死率较高且局部暴发仍时有发生。

第六节　巴氏杆菌病

一、巴氏杆菌病概念及基本情况

巴氏杆菌病是主要由多杀性巴氏杆菌引起的各种动物的疾病总称。急性者以出血性败血症为主；病程长者多有纤维素性胸膜肺炎。

（一）病原特点

巴氏杆菌是革兰氏染色阴性的短杆菌，病料中的细菌有两极着色特点。引起本病的主要是多杀性巴氏杆菌，少数情况下溶血性巴氏杆菌也能成为本病的病原。

健康动物携带巴氏杆菌现象比较普遍，因此本菌具有一定的条件致病特点。

巴氏杆菌抵抗力不强，常规消毒方法可很快杀死本菌。

依据抗原性不同，分为许多血清型，它们对不同动物的易感性不同。

（二）流行病学特点

多种动物和人均可感染发病。家畜中以牛、猪发病较多。鸡、鸭、羊、马、鹿、兔、驼也可发病。

病畜禽和带菌者是传染源，特别是后者更为重要。

主要传播途径是呼吸道、消化道、黏膜和损伤的皮肤等。

各种不良的应激因素与本病的发生发展密切相关。

多呈散发，但牛、猪有时呈地方流行，鸭多呈流行性。

（三）临床症状特点

1. 猪

又称猪肺疫，潜伏期 1 ~5 d，临诊上分为最急性、急性和慢性。

（1）最急性型。

为典型的败血症。突然发病，迅速死亡。病程长者，体温升高，食欲废绝，烦燥不安，咽喉部红肿热痛，呼吸极度困难，耳根、腹侧和四肢内侧皮肤出现红斑，迅速恶化并死亡。

病程 1 ~2 d，致死率 100%。

（2）急性型。

是最常见的一种病型，以胸膜肺炎症状为特征。体温升高，呼吸困难。痛咳，听诊有罗音和摩擦音。初便秘，后下痢。可视黏膜发绀，黏脓性结膜炎。皮肤瘀血、出血。末期呼吸高度困难，心跳加快，卧地不起，窒息而死。病程 5 ~8 d，不死的转为慢性。

（3）慢性型。

主要表现慢性肺炎和胃肠炎症状。持续性咳嗽与呼吸困难。常有下痢症状。有时皮肤出现痂样湿疹、关节肿胀。进行性消瘦，如不治疗，多经 2 周以上衰竭而死，致死率 60% ~70%。

2. 牛又称牛出血性败血病（症）

潜伏期 2 ~5 d。分败血型、浮肿型和肺炎型。

（1）败血型。

体温升高，全身症状明显。腹痛、下痢、有时有血便。有时鼻内有血、尿血。迅速衰竭死亡，病程 12 ~24 h，致死率极高。

（2）浮肿型。

有明显的全身症状。咽喉颈部及前胸部皮下水肿，伴发舌及周围组织高度肿胀，致使舌伸出口外，呈暗红色。呼吸高度困难，最后窒息而死。病程12 ~36 h，致死率极高。

（3）肺炎型。

主要呈纤维素性胸膜肺炎症状，有时下痢或血痢。病程 3 d ~1 周，致死率 80% 以上。

3. 鸡

又称鸡霍乱，主要是成年鸡发病，潜伏期 2 称鸡天。分最急性型、急性型和慢性型。

（1）最急性型。

见于流行初期。常见不到明显症状，突然死亡。有时可见病鸡精神沉郁，倒地挣扎，抽搐而死，病程数分至数时。致死率不高，但影响生长发育和产蛋。

（四）病理变化特点

1. 猪

（1）最急性型。

全身浆、黏膜及皮下组织大量出血；咽喉部及其周围组织出血性浆液性浸润；全身淋巴结出血性炎症；实质器官急性变性并有出血。

（2）急性型。

纤维素性肺炎，即肺有不同程度的肝变区，肺小叶间浆液浸润，因此切面呈大理石纹理；纤维素性胸膜炎，即胸膜上有纤维素性附着物，胸腔及心包积液，积液中有纤维素性絮状物；全身浆黏膜、实质器官及淋巴结出血性变化。

（3）慢性型。

肺肝变区扩大，并有灰黄色坏死灶，其外有结缔组织包囊，内含干酪样物质，有的形成空洞；胸腔及心包积液并有多量纤维素性渗出物，胸膜肥厚，结缔组织增生导致肺胸膜与肋胸膜粘连；肺门淋巴结、纵膈淋巴结有坏死灶；尸体极度消瘦、贫血。

2. 牛

（1）败血型。

全身浆黏膜出血；实质脏器出血、急性变性；胸腹腔积液。

（2）浮肿型。

咽喉及颈部皮下浆液性浸润，并有出血；咽淋巴结和前颈淋巴结急性肿胀并有出血；其他部位有不同程度的败血症变化。

（3）慢性型。

呈典型的纤维素性胸膜肺炎病变，基本同猪的急性型病例。

3. 鸡

（1）最急性型。

心内外膜有少许出血点，其他肉眼病变不明显。

（2）急性型。

全身浆黏膜不同程度的出血，尤以心冠脂肪明显；肝脏稍肿，表面有许多针尖大小的灰白色坏死点；肺充血出血。

（3）慢性型。

有些病例鼻腔内有多量黏性分泌物；有些病例肺硬变；有些病例关节肿大变形，关节腔内有炎性渗出物或干酪样物；公鸡肉髯肿大，内有干酪样渗出物，有时坏死，脱落；尸体消瘦。

（五）诊断要点

根据流行病学、症状及病变特点，结合治疗效果，可以作出疑似诊断或初步诊断。

确诊有赖于细菌学检查。对于败血症者，用肝等实质器官直接触片，可见到典型的巴氏杆菌，依此即可确诊。对于局部感染者，可采取病变部组织，进行细菌分离鉴定。

（六）防制要点

1. 平时的预防措施

加强饲养管理和兽医卫生，减少各种应激因素。

根据情况进行疫苗免疫接种。

2. 发病后的扑灭措施

病畜（禽）隔离治疗，治疗方法有抗菌类药物治疗，高免血清治疗和对症治疗。同群畜禽进行药物预防。

对疫区内其他畜禽，可进行紧急疫苗接种或药物预防。

对病畜禽污染和可能污染的环境、用具等进行随时消毒。

（七）研究进展

林星宇等（2015）关于F型多杀性巴氏杆菌分离株导致仔猪发病死亡的原因，认为有以下三种可能：第一种可能是这批仔猪未接种疫苗。以往接种了A型巴氏杆菌疫苗的仔猪产生的抗体，可能在抵御A型巴氏杆菌感染的同时，也抵御了一些F型巴氏杆菌的感染。第二种可能是基因突变引起该菌株毒力改变，通过基因的测序分析，显示它在第577位有1个碱基发生突变，由A→G，氨基酸序列由H→R。第三种可能是F型巴氏杆菌是由其他动物宿主传染给仔猪、并导致其发病的。

第七节　沙门氏菌病

一、沙门氏菌病概念及基本情况

沙门氏菌病，又名副伤寒（paratyphoid），是各种动物由沙门氏菌属细菌引起的疾病总称。临诊上多表现为败血症和肠炎，也可使怀孕母畜发生流产。

名称：沙门氏菌病。

别名：副伤寒。

抵抗力：较强。

包含：猪、马、牛沙门氏菌病。

症状：发热、下痢、体重减轻。

沙门氏菌病又称副伤寒，为幼狐和禽类常发的疾病。幼狐感染本病为急性经过，发热，下痢，体重迅速减轻，脾脏显著增大，肝脏发生病变异地方性流行。主要包括猪沙门氏菌病、马沙门氏菌病、牛沙门氏菌病、羊沙门氏菌病、禽沙门氏菌病等。

二、简要介绍

由沙门氏菌属（Salmonella）中的不同血清型感染各种动物而引起的多种疾病的总称。常见的，在公共卫生上有重要意义。该菌属有58种O抗原、54种H抗原，个别菌还有Vi抗原，包括近2 000个血清型。流行于世界各国，常致或肠炎，对幼畜、雏禽为害甚大，成年畜禽多呈慢性或隐性感染。患病与带菌动物是本病的主要传染源，经口感染是其最重要的传染途径，而被污染的、与饮水则是传播的主要媒介物。各种因素均可诱发本病。

三、病原介绍

本病菌为且短杆菌，长1～3μm，宽0.5～0.6μm，两端钝圆，不形成荚膜和芽孢，具有鞭毛，有运动性，为革兰氏阴性菌。

本菌在变通培养基中能生长，为需氧兼厌氧性菌。在肉汤培养基中变混浊，而后沉淀，在琼脂培养基上24 h后生成光滑、微隆起、圆形、半透明的灰白色小菌落。

沙门氏菌能发酵葡萄糖、单奶糖、甘露醇、山梨醇、麦芽糖、产酸产气。不能发酵乳糖和蔗糖，因此，从此可与其他肠道菌相区别。

本菌能抵抗力较强，60℃经1 h，70℃经20分钟，75℃经5分钟死亡。

对低温有较强的抵抗力，在琼脂培养基上于－10℃，经115天尚能存活。在干燥的沙士可生存2～3个月，在干燥的排泄物中可保存4年之久，在0.1%汞浴液、0.2%甲醛溶液、3%石炭酸溶液中15～20 min可被杀死。在含29%食盐的腌肉中，在6～12℃的条件下，可存活4～8个月。

四、疾病症状

自然感染的潜伏期为8～20 d，平均14 d；人工感染的潜伏期为2～5 d。

急性经过的病狐，表现拒食，先兴奋后沉郁，体温升高到 41 ~ 42℃，轻微波动于整个病期，只有在死前体温才有所下降，大多数病狐躺卧于小室内，走动时多拱腰，两眼流泪，笼子缓缓移动。发生下痢、呕吐，在昏迷状态下死亡。一般需 5 ~ 10 h 或延长至 2 ~ 3 d 死亡。

亚急性经过后病狐，主要表现胃肠机能高度紊乱，体温升高至 40 ~ 41℃，精神沉郁，呼吸浅表频数，食欲丧失。病狐被毛蓬乱无光，眼窝下陷无神，有时出现化脓性结膜炎。少数病例有黏液鼻漏或咳嗽。病狐很快消瘦，下痢，个别的有呕吐。粪便变为液状或水样，混有大量胶状黏液，个别混有血液，四肢软弱无力，特别是后肢常呈海豹式拖地，起立时后肢不支，时停时蹲，似睡状。病的后期出现后肢不全麻痹。在高度衰竭的情况下，7 ~ 14 d 死亡。常出现黏膜和皮肤黄疸，特别是猪霍乱沙六氏菌引起的本病更为明显。

慢性经过的病倒，消化机能紊乱，食欲减退，下痢，粪便混有黏液，逐渐消瘦，贫血，眼睛塌陷，有时出现化脓性结膜炎。病狐多卧于小室内，很少运动，走动时步履不稳，行动缓慢。在高度衰竭的情况下，经 3 ~ 4 周死亡。

五、主要种类

主要包括猪沙门氏菌病、马沙门氏菌病、牛沙门氏菌病、羊沙门氏菌病、禽沙门氏菌病等。

（一）猪沙门氏菌病

1. 基本定义

沙门氏菌病引起肠道改变。

猪沙门氏菌病，又名仔猪副伤寒，是由沙门氏菌属细菌引起的仔猪的一种传染病，主要表现为败血症和坏死性肠炎，有时发生脑炎、脑膜炎、卡他性或干酪性肺炎。世界各地均有发生。

引起本病的细菌对象

主要有猪霍乱沙门氏菌孔清道夫变种，鼠伤寒沙门氏菌、猪伤寒沙门氏菌，此外还有都柏林沙门氏菌、肠炎沙门氏菌，它们是一群血清学相关的革兰氏阴性，可运动，有周鞭毛的兼性厌氧杆菌，没有荚膜，不形成芽孢，在普通培养基上生长良好，在麦康凯培养基上菌落无色。本属细菌干燥、腐败、日光等因素具有一定的抵抗力，在外界条件下可以存活数周、数月、甚至数年。

细菌可被一般消毒药（酚类、氯制剂和碘制剂）杀灭。

2. 流行特点本病主要对象

流行特点本病主要发生于4个月龄以内的断乳仔猪。成年猪和哺乳猪很少发病。细菌可通过病猪或带菌猪的粪便、污染的水源和饲料等经消化道感染健康猪。鼠类也可传播本病。

本病一年四季均可发生，多雨潮湿季节更易发，在猪群中一般散发或呈地方流行。环境污秽、潮湿、棚舍拥挤、粪便堆积、饲料和饮水供应不及时等应激因素易促进本病的发生。

3. 临床症状败血型沙门氏菌病

主要发生于小于4月龄仔猪。常规饮料原哺乳仔猪中很少见。病猪表现为不安，食欲不振，体温升高。大群发病时，少数死猪尾部和腹部肢端发紫。到败血型沙门氏菌病发病的第3天或第4天，出现黄色水样粪便。本病暴发时，发病率很低（通常低于10%），但死亡率很高。

结肠炎型沙门氏菌病：以腹泻为主要特征。初期症状为黄色水样腹泻，不含血液或黏液。几天之内同群中多数发病，典型的腹泻症状是一种白色蜂蜡样腹泻，可在几周内复发2～3次。有时粪便带血。病猪发热，采食减少，并出现与腹泻的严重程度和持续时间对应的脱水。病猪的死亡率一般较低。纯系种猪群有时可发生异常高的死亡率。

4. 病理变化败血型沙门氏菌病

耳、蹄、尾部和腹侧皮肤发绀。脾肿大，色暗带蓝，坚度似橡皮，切面蓝红色。肠系膜淋巴结索状肿大，其他淋巴结也有不同程度的增大，淋巴结软而红，类似大理石状。肝、肾也有不同程度的肿大、充血和出血。有时，肝实质可见糠麸状，极为细小的灰黄色坏死点。全身黏膜、浆膜均有不同程度的出血斑点。胃肠黏膜可见急性卡他性炎症。

结肠炎型沙门氏菌病：特征性病变为局部的或弥散性坏死性结肠炎和盲肠炎。盲肠、结肠有时波及回肠后段，肠壁增厚，黏膜上覆盖一层弥漫性、坏死性、腐乳状物质、剥开见底部红色、边缘不规则的溃疡面。少数病例滤泡周围黏膜坏死，稍突出于表面，有纤维蛋白渗出物积聚，形成隐约可见的轮环状。淋巴结特别是回盲淋巴结高度肿胀、湿润。部分淋巴结干酪样变。肝脾不肿，只有末端性充血。

5. 诊断猪副伤寒对象

作为原发性疾病主要发生于4个月龄内的断乳仔猪，一般呈散发性，饲养管理不良，机体抵抗力降低时才出现地方流行性。特殊情况，如长途运输后易暴发。临床上除少数为急性败血性外，多数为肠炎型。典型特征是坏死性肠炎。确诊需进行细菌分离、鉴定。把肝、脾、回盲肠淋巴结等可疑病料接种到血液和麦康凯琼脂上培养，24 h 后生长出中等大小菌落，菌落在麦康凯琼脂上无色，接种到三糖铁琼脂上，斜面变成红色，柱为黄色，产 H_2S 的菌株可使培养基变成黑色。有条件的地方可进一步进行生化鉴定和血清学检查。综合临床症状、病理变化和细菌学检查即可确诊为沙门氏菌病。

6. 鉴别诊断

猪副伤寒与肠型猪瘟相似。临床上极易误诊。但肠型猪瘟可发生于各种年龄的猪，坏死性肠炎病灶从淋巴滤泡开始，向外发展，因而形成同心轮层状的纽扣状溃疡，突出于黏膜表面，色褐或黑，中央低陷，有的有剥脱现象。猪副伤寒的溃汤灶为表面粗糙，大小不一，边线不齐。两者可依此区别。

7. 预防措施

（1）方法。

加强饲养管理，消除发病原因。

对常发本病的猪群，可在饲料中添加抗生素，但应注意地区抗药菌株的出现，发现对某种药物产生抗药性时，应改用另一种药。

接种疫苗防止沙门氏菌病。

发现本病，立即隔离消毒。

（2）对病猪的治疗。

应在隔离消毒、改善饲养管理的基础上及早进行。其疗效除决定于所用药物对细菌的作用强度外，还与用药时间、剂量和疗程长短有密切关系。同时要注意有一较长的疗程。在为坏死性肠炎需相当长时间才能修复，若中途停药，往往会引起复发而死亡。常用药物有氯霉素、卡那霉素、痢特灵、磺胺类和喹诺酮类药物。

（二）马沙门氏菌病

又称马副伤寒，由马流产沙门氏菌或鼠伤寒沙门氏菌等引起的一种以孕马为特征的马属动物传染病。初产母马和幼驹易感性更高。流产常发生于怀孕中后期。流产前大多有体温升高、乳房肿胀、阴道流出血色液体等先兆。流产多为死胎，且呈败血性病变。胎膜水肿，有出血和坏死区。母畜流产后多数能自愈，少数可能继发。幼驹感染后多呈败血症或局部炎症，公畜则为睾丸炎与甲炎。病愈者血清内含有较高滴度的凝集抗体，可作本病的辅助诊断。

（三）牛沙门氏菌病

病原多为鼠伤寒沙门氏菌或都柏林沙门氏菌。舍饲青年犊比成年牛易感，往往呈流行性。病犊发烧、停食、虚弱，泻出的恶臭液状粪便，常混有血丝和黏液。死亡率高者可达50%～70%，一般为5%～10%；不死者或出现关节肿胀。剖检可见出血性胃肠炎与败血性病变，肝、脾可能有坏死灶。成年较少发生或仅散发，但病后期可能转为内毒素性。病变多为急性出血性肠炎。孕牛常流产。

（四）羊沙门氏菌病

羊沙门氏菌病（Ovinesalmonellosis）主要由鼠伤寒沙门氏菌、羊流产沙门氏菌、都柏林沙门氏菌引起羊的一种传染病。以羊发生下痢，孕羊流产为特征。

病原：本病的病原属于肠杆菌科（Enterobacteriaceae），沙门氏菌属（Salmonella）。

流行病学：本病一年四季均可发生，各种年龄的畜禽均可感染。主要以消化道感染为主，交配和其他途径也能感染；各种不良因素君可促进本病的发生。

症状：潜伏期长短不一，依动物的年龄、应激因子和侵入途径等而不同。

下痢型羔羊副伤寒多见于15日龄的羔羊，病初精神沉郁，体温升高到40℃的羔羊，低头弓背，食欲减退或拒食。身体虚弱、憔悴，趴地不起。大多数病羔羊出现腹痛、腹泻，排除大量灰黄色糊状粪便，迅速出现脱水症状，眼球下陷，体力减弱，有的病羔羊出现呼吸促迫，流出黏性鼻液，咳嗽等症状。

流产型副伤寒流产多见于妊娠的最后两个月。病羊在流产前体温升高到40℃，厌食，精神沉郁，部分羊有腹泻症状，阴道有分泌物流出。病羊产下的活羔羊比较衰弱，不吃奶，并可有腹泻，一般于1天内活羔死亡。病羊伴发肠炎、胃肠炎和败血症。

病理变化：下痢型羊可见病羊消瘦。真胃和肠道空虚，黏膜充血，内溶物稀薄。肠系膜淋巴结肿大充血，脾脏充血，肾脏皮质部与心内外膜有小出血点。

流产型羊出现死产或初产羔羊几天内死亡，呈现败血症病变。组织水肿、充血，肝脾肿大，有灰色坏死灶。胎盘水肿出血。母羊有急性子宫炎，流产或产死胎的子宫肿胀，有坏死组织、渗出物和滞留的胎盘。

诊断：根据流行病学、症状和病理变化可作出初步诊断，确诊须实验室诊断。

防治：加强饲养管理，做好消毒工作，消除传染源。

（五）禽沙门氏菌病

禽沙门氏菌病（Salmonellosisavium）——鸡白痢，是一个概括性术语，指由沙门氏菌属中的任何一个或多个成员所引起禽类的一大群急性或慢性疾病。沙门氏菌属是庞大的肠杆菌科的一个成员，沙门氏菌属包括了 2 100 多个血清型。在自然界中，家禽构成了沙门氏菌最大的单独贮存宿主。在所有动物中，最常报道的沙门氏菌来源于家禽和禽产品。本属中两种为宿主特异的，不能运动的成员——鸡白痢沙门氏菌和鸡沙门氏菌分别为鸡白痢和禽伤寒的病原。副伤寒沙门氏菌能运动，常常感染或在肠道定居包括人类在内的非常广泛的温血和冷血动物，禽群的感染非常普遍。但很少发展成急性全身性感染，只有处在应激条件下的幼禽除外。诱发禽副伤寒的沙门氏菌能广泛地感染各种动物和人类，因此在公共卫生上有重要性。人类沙门氏菌感染和食物中毒也常常来源于副伤寒的禽类、蛋品等。随着家禽产业的飞速发展，由于禽沙门氏菌病的广泛散播，已使它成为家禽最为重要的蛋媒细菌病之一。由于这类感染不受国际边界的影响，加之很少有不易感宿主，因而全国范围的控制规划遇到了许多障碍。禽沙门氏菌病是养禽业各时期的经济问题，从生产到上市。因为正常情况下沙门氏菌常出现在家禽与家禽产品中，因此，它们是那些让公共卫生领域的人们所感兴趣的问题。

鸡白痢是由鸡白痢沙门氏菌引起的鸡的传染病。本病特征为幼雏感染后常呈急性败血症，发病率和死亡率都高，成年鸡感染后，多呈慢性或隐性带菌，可随粪便排出，因卵巢带菌，严重影响孵化率和雏鸡成活率。

1. 病原学

鸡白痢指由鸡白痢沙门氏菌引起的禽类感染。鸡白痢沙门氏菌具有高度宿主适应性。本菌为两端稍圆的细长杆菌，对一般碱性苯胺染料着色良好，革兰氏阴性。细菌常单个存在，很少见到两菌以上的长链。在涂片中偶尔可见到丝状和大型细菌。本菌不能运动，不液化明胶，不产生色素，无芽胞，无荚膜，兼性厌氧。分离培养时应尽量避免使用选择性培养基，因为某些菌株特别敏感。沙门氏菌在下列培养基中生长良好，如营养肉汤或琼脂平板。在普通琼脂、麦康凯培养基上生长，形成圆形、光滑、无色呈半透明、露珠样的小菌落。在外界环境中有一定的抵抗力，常用消毒药可将其杀死。

2. 流行病学

各种品种的鸡对本病均有易感性，以 2 ~3 周龄以内雏鸡的发病率与病死率为最高，呈流行性。随着日龄的增加，鸡的抵抗力也增强。成年鸡感染常呈慢性或隐性。

火鸡对本病有易感性，但次于鸡、鸭、雏鹅、珠鸡、野鸡、鹌鹑、麻雀、欧洲莺和鸽也有自然发病的报告。芙蓉鸟、红鸠、金丝雀和乌鸦则无易感性。

一向存在本病的鸡场，雏鸡的发病率在 20% ~40%，但新传入发病的鸡场，其发病率显著增高，甚至有时高达 100%，病死率也比老疫场高。本病可经蛋垂直传播，也可水平传播。

3. 临床症状

本病在雏鸡和成年鸡中所表现的症状和经过有显著的差异。

雏鸡雏鸡和雏火鸡两者的症状相似。潜伏期 4 ~5 d，故出壳后感染的雏鸡，多在孵出后几天才出现明显症状。7 ~10 d 后雏鸡群内病雏逐渐增多，在第 2 ~3 周达高峰。发病雏鸡呈最急性者，无症状迅速死亡。稍缓者表现精神萎顿，绒毛松乱，两翼下垂，缩头颈，闭眼昏睡，不愿走动，拥挤在一起。病初食欲减少，而后停食，多数出现软嗉症状。同时腹泻，排稀薄如浆糊状粪便，肛门周围绒毛被粪便污染，有的因粪便干结封住肛门周围，影响排粪。由于肛门周围炎症引起疼痛，故常发生尖锐的叫声，最后因呼吸困难及心力衰竭而死。有的病雏出现眼盲，或肢关节呈跛行症状。病程短的 1 d，一般为4 ~7 d，20 d 以上的雏鸡病程较长。3 周龄以上发病的极少死亡。耐过鸡生长发育不良，成为慢性患者或带菌者。

中鸡（育成鸡）该病多发生于 40 ~80 d 的鸡，地面平养的鸡群发生此病较网上和育雏笼育雏育成发生的要多。从品种上看，褐羽产褐壳蛋鸡种高。另外育成鸡发病多有应激因素的影响。如鸡群密度过大，环境卫生条件恶劣，饲养管理粗放，气候突变，饲料突然改变或品质低下等。本病发生突然，全群鸡只食欲、精神尚可，总见鸡群中不断出现精神、食欲差和下痢的鸡只，常突然死亡。死亡不见高峰而是每天都有鸡只死亡，数量不一。该病病程较长，可拖延 20 ~30 d，死亡率可达 10% ~20%。

成年鸡成年鸡白痢多呈慢性经过或隐性感染。一般不见明显的临床症状，当鸡群感染比较大时，可明显影响产蛋量，产蛋高峰不高，维持时间亦短，死淘率增高。有的鸡表现鸡冠萎缩，有的鸡开产时鸡冠发育尚好，以后则表现出鸡冠逐渐变小，发绀。病鸡有时下痢。仔细观察鸡群可发现有的鸡寡产或根本不产蛋。极少数病鸡表现精神萎靡，头翅下垂，腹泻，排白色稀粪，产卵停止。有的感染鸡因卵黄囊炎引起腹膜炎，腹膜增生而呈“垂腹”现象，有时成年鸡可呈急性发病。

4. 病理变化

雏鸡：在日龄短、发病后很快死亡的雏鸡，病变不明显。肝肿大，充血或有条纹状出血。其他脏器充血。卵黄囊变化不大。病期延长者卵黄吸收不良，其内容物色黄如油脂状或干酪样；有心肌、肺、肝、盲肠、大肠及肌胃肌肉中有坏死灶或结节。有些病例有心外膜炎，肝或有点状出血及坏死点，胆囊肿大，脾有时肿大，肾充血或贫血，输尿管充满尿酸盐而扩张，盲肠中有干酪样物堵塞肠腔，有时还混有血液，肠壁增厚，常有腹膜炎。在上述器官病变中，以肝的病变最为常见，其次为肺、心、肌胃及盲肠的病变。死于几日龄的病雏，见出血性肺炎，稍大的病雏，肺可见有灰黄色结节和灰色肝变。

成年鸡：慢性带菌的母鸡，最常见的病变为卵子变形、变色、质地改变以及卵子呈囊状，有腹膜炎，伴以急性或慢性心包炎。受害的卵子常呈油脂或干酪样，卵黄膜增厚，变性的卵子或仍附在卵巢上，常有长短粗细不一的卵蒂（柄状物）与卵巢相连，脱落的卵子深藏在腹腔的脂肪性组织内。有些卵则自输卵管逆行而坠入腹腔，有些则阻塞在输卵管内，引起广泛的腹膜炎及腹腔脏器粘连。可以发现腹水，特别见于大鸡。心脏变化稍轻，但常有心包炎，其严重程度和病程长短有关。轻者只见心包膜透明度较差，含有微混的心包液。重者心包膜变厚而不透明，逐渐粘连，心包液显著增多，在腹腔脂肪中或肌胃及肠壁上有时发现琥珀色干酪样小囊包。

成年公鸡的病变，常局限于睾丸及输精管。睾丸极度萎缩，同时出现小脓肿。输精管管腔增大，充满稠密的均质渗出物。

5. 诊断

鸡白痢的诊断主要依据本病在不同年龄鸡群中发生的特点以及病死鸡的主要病理变化，不难作出确切诊断。但只有在鸡白痢沙门氏菌分离和鉴定之后，才能作出对鸡白痢的确切诊断。

6. 防制

鸡雏鸡白痢的防治，饲养者通常在雏鸡开食之日起，在饲料或饮水中添加抗菌药物，一般情况下可取得较为满意的结果。

在饲料、饮水中添加药物的种类很多，人们曾使用过青霉素、链霉素、土霉素、痢特灵、氯霉素、庆大霉素、氟哌酸等。从多年来防治实践和细菌的分离、药敏试验结果看，以下药物是比较好的，如痢特灵（0.04% 拌料）、氯霉素（0.1%拌料）、庆大霉素（2 000～3 000 U/只，饮水）及新型喹诺酮类药物。此外还有兽用新霉素防止雏鸡下痢也有很好的效果。而青霉素、链霉素、土霉素对鸡白痢沙门氏菌可以说几乎无效。

用药物预防应防止长时间使用一种药物，更不要一味加大药物剂量达到防治目的。应该考虑到有效药物可以在一定时间内交替、轮换使用，药物剂量要合理，防治要有一定的疗程。在上述药物给药时除痢特灵投喂时间可长一些（连喂7 d，停药3 d后再投喂5～7 d），其他药物只需投药4～5 d即可达到预防目的。

近年来微生物制剂开始在畜牧业中应用，有的生物制剂在防治畜禽下痢有较好效果，具有安全、无毒、不产生副作用，细菌不产生抗药性，价廉等特点。常用的有促菌生、调痢生、乳酸菌等。在用这类药物的同时以及前后4～5 d应该禁用抗菌药物。经大批量的实验认为，这种生物制剂防治鸡白痢病的效果多数情况下相当或优于药物预防的水平。这类制剂的使用必须保证正常的育雏条件，较好的兽医卫生管理措施。与鸡群的健康状况也有一定关系。在使用时应从小群试验开始，按照规定的剂量、方法进行，取得经验后再运用到生产中去。

育成鸡白痢病的治疗要突出一个早字，一旦发现鸡群中病死鸡增多，确诊后立即全群给药，可投与恩诺沙星或氯霉素等药物，先投服5 d后间隔2～3 d再投喂5 d，目的是使新发病例得到有效控制，制止疫情的蔓延扩大。同时加强饲养管理，消除不良因素对鸡群的影响，可以大大缩短病程，最大限度地减少损失。

在防制措施方面，有人曾利用死菌或活菌菌苗控制本病的发生，未获良好效果，故防制本病发生的原则在于杜绝病原的传入，消除群内的带菌者与慢性患者。同时还必须执行严格的卫生、消毒和隔离制度，其综合防制措施如下：①挑选健康种鸡、种蛋、建立健康鸡群，坚持自繁自养，慎重地从外地引进种蛋。在健康鸡群，每年春秋两季对种鸡定期用血清凝集试验全面检疫及不定期抽查检疫。对40～60 d以上的中雏也可进行检疫，淘汰阳性鸡及可疑鸡。在有病鸡群，应每隔2～4周检疫一次，经3～4次后一般可把带菌鸡全部检出淘汰，但有时也须反复多次才能检出。②孵化时，用季胺类消毒剂喷雾消毒孵化前的种蛋，拭干后再入孵。不安全鸡群的种蛋，不得进入孵房。每次孵化前孵房及所有用具，要用甲醛消毒。对引进的鸡要注意隔离及检疫。③加强育雏饲养管理卫生，鸡舍及一切用具要注意经常清洁消毒。育雏室及运动场保持清洁干燥，饲料槽及饮水器每天清洗一次，并防止被鸡粪污染。育雏室温度维持恒定，采取高温育雏，并注意通风换气，避免过于拥挤。饲料配合要适当，保证含有丰富的维生素A。不用孵化的废蛋喂鸡。防止雏鸡发生啄食癖。若发现病雏，要迅速隔离消毒。此外，在禽场范围内须防止飞禽或其他动物进入散播病原。④药物预防，雏鸡出壳后用福尔马林 14 mL/m^3，高锰酸钾 7 g/m^3，在出雏器中熏蒸 15 min。用 0.01% 高锰酸钾溶液作饮水 1～2 d。在鸡白痢易感日龄期间，用 0.02% 呋喃唑酮作饮水，或在雏鸡粉料中按 0.02% 比例拌入呋喃唑酮或按 0.5% 加入磺胺类药，有利于控制鸡白痢的发生。

诊断方法

根据流行病学及病理解剖变化，可作出初步诊断。最终确诊，要进行细菌检查，可从死亡动物的脏器和血液中分离细菌培养，进行生物学试验。毛皮兽沙门氏菌病可在生前进行快速细菌学检查。用无菌操作方法采血，接种于 3～4 支，琼脂培养基斜面或肉汤培养基内，在 37～38℃温箱中培养，经 6～8 h 便有该菌生长，将其培养物和已知沙门氏菌阳性血清作凝集反应，即可确诊。

防治措施

为保持心脏机能，可皮下注射 20% 樟脑油，幼狐为 0.5～1 mL。用氯霉素、新霉素和左旋霉素治疗，幼狐为 5～10 mg，成年狐 20～30 mg，混于饲料中喂连续 7～10 d。

加强妊娠期和哺乳期的饲养管理，对提高仔狐对沙门氏菌病的抵抗力有重要作用特别是断乳期仔狐的日粮要求新鲜、全价。管理上要求保持小室清洁卫生。

加强兽医卫生临督，不允许用沙门菌污染的饲料喂狐。对可疑饲料要进行无害化处理后再喂。发现有本病，马上隔离治疗对笼舍用具要严格消毒。治愈的狐仍需坚持隔离饲养到取皮。

六、研究进展

黄金林等（2004）在 PCR 和直接 ELISA 法检测沙门氏菌的基础上，对直接 ELISA 和 PCR 快速检测样品中的沙门氏菌进行了比较。结果显示，直接 ELISA 法对国标法的敏感性和特异性分别达 100 %、97.3 %，PCR 方法的敏感性和特异性均为 100%，直接 ELISA 法和 PCR 的符合率为 97.6 %。

第八节　日本血吸虫病

一、日本血吸虫病概念及基本情况

日本血吸虫病一般指血吸虫病，血吸虫病是由裂体吸虫属血吸虫引起的一种慢性寄生虫病，主要流行于亚、非、拉美的 73 个国家，患病人数约 2 亿。血吸虫病主要分两种类型，一种是肠血吸虫病，主要为曼氏血吸虫和日本血吸虫引起；另一种是尿路血吸虫病，由埃及血吸虫引起。我国主要流行的是日本血吸虫病。

英文名称：schistosomiasis。

就诊科室：传染科。

传染性．有。

传播途径：皮肤、黏膜、疫水接触。

（一）病因

1. 传染源

日本血吸虫患者的粪便中含有活卵，为本病主要传染源。

2. 传播途径

主要通过皮肤、黏膜与疫水接触受染。

3. 易感性

人与脊椎动物对血吸虫普遍易感。

（二）临床表现

1. 侵袭期

患者可有咳嗽、胸痛、偶见痰中带血丝等。

2. 急性期

临床上常有如下特点。

（1）发热为本期主要的症状，发热的高低，期限和热型视感染轻重而异。

（2）胃肠道症状常呈痢疾样大便，可带血和黏液。

（3）肝脾肿大。

（4）肺部症状咳嗽相当多见，可有胸痛，血痰等症状。

3. 慢性期

多因急性期未曾发现，未治疗或治疗不彻底，或多次少量重复感染等原因，逐渐发展成慢性。本期一般可持续 10 ~ 20 年，因其病程漫长，症状轻重可有很大差异。

4. 晚期

病人极度消瘦，出现腹水、巨脾、腹壁静脉怒张等晚期严重症状。

（三）检查

1. 病原检查

从粪便内检查虫卵或孵化毛蚴以及直肠黏膜活体组织检查虫卵。

直接涂片法重感染地区病人粪便或急性血吸虫病人的黏液血便中常可检查到血吸虫虫卵，方法简便，但虫卵检出率低。

毛蚴孵化法可以提高阳性检出率。

定量透明法用作血吸虫虫卵计数。

直肠黏膜活体组织检查慢性及晚期血吸虫病人肠壁组织增厚，虫卵排出受阻，故粪便中不易查获虫卵，可应用直肠镜检查。

2. 免疫检查

皮内试验（IDT）一般皮内试验与粪检虫卵阳性的符合率为90%左右，但可出现假阳性或假阴性反应，与其他吸虫病可产生较高的交叉反应；并且病人治愈后多年仍可为阳性反应。此法简便、快速、通常用于现场筛选可疑病例。

检测抗体血吸病人血清中存在特异性抗体，包括IgM、IgG、IgE等，如受检者未经病原治疗，而特异性抗体呈阳性反应，对于确定诊断意义较大；如已经病原治疗，特异性抗体阳性，并不能确定受检者体内仍有成虫寄生，因治愈后，特异性抗体在体内仍可维持较长时间。

检测循环抗原由于治疗后抗体在宿主体内存留较长时间，其阳性结果往往不能区分现症感染和既往感染，也不易于评价疗效。循环抗原是生活虫体排放至宿主体内的大分子微粒，主要是虫体排泄、分泌或表皮脱落物，具有抗原特性，又可为血清免疫学试验所检出。从理论上讲，CAg的检测有其自身的优越性，它不仅能反映活动性感染，而且可以评价疗效和估计虫种。

二、诊断

血吸虫病的诊断包括病原诊断和免疫诊断两大部分。病人的确诊需要从粪便中检获虫卵或孵化毛蚴。

（一）病原学诊断

从粪便内检查血吸虫虫卵和毛蚴以及直肠黏膜活体组织检查虫卵称病原学检查，是确诊血吸虫病的依据。常用的病原学检查方法有改良加藤法、尼龙袋集卵孵化法、塑料杯顶管孵化法等。

（二）免疫学诊断

免疫学诊断包括检测患者血清中循环抗体、循环抗原和循环免疫复合物。常采用的诊断方法有间接红细胞凝集试验（IHA）、酶联免疫吸附试验（ELISA）、胶体染料试纸条法（DDIA）、斑点金免疫渗滤试验（DIGFA）。

（三）鉴别诊断

1. 急性血吸虫病

须与败血症、疟疾、伤寒与副伤寒，急性粟粒性肺结核，病毒感染，其他肠道疾病鉴别。主要根据籍贯、职业、流行季节，疫水接触史、高热、肝脏肿大伴压痛、嗜酸性粒细胞增多，大便孵化阳性为鉴别要点。

2. 慢性血吸虫病

须与慢性菌痢、阿米巴痢疾、溃疡性结肠炎、肠结核、直肠癌等病鉴别。粪便孵化血吸虫毛蚴阳性可确诊。嗜酸性粒细胞增生有助于本病之诊断。肠镜检查及组织检查可有助于确诊。粪便常规检查、培养、X 线钡剂灌肠，诊断性治疗有助于诊断与鉴别诊断。

3. 晚期血吸虫病

须与门脉性肝硬变及其他原因所致的肝硬变鉴别。血吸虫病肝硬变的门脉高压所引起的肝脾肿大、腹水、腹壁静脉怒张改变较为突出，肝细胞功能改变较轻，肝表面高低不平。门静脉性肝硬变表现为乏力，厌食、黄疸、血管痣、肝肿大显著甚至缩小，不易摸到表面结节，且有活动性肝功改变，如转氨酶增高等。

4. 异位血吸虫病

肺血吸虫病须与支气管炎、粟粒性肺结核，肺吸虫病鉴别。急性脑血吸虫病应与流行性乙型脑炎鉴别。慢性脑血吸虫病应与脑瘤及癫痫鉴别。

尾蚴性皮炎需与稻田皮炎鉴别。稻田皮炎由寄生于牛、羊、鸭等动物的门静脉中的动物血吸虫尾蚴侵袭皮肤引起，多见于我国东南、东北、西南各省市。宿主排卵入水、孵出毛蚴、入锥实螺，后尾蚴逸出螺体。人接触尾蚴后便立即进入皮肤、引起皮炎。皮炎初见呈红点，逐渐扩大变为红色丘疹，皮疹一周后消退，尾蚴被消灭，病变不再发展。

（四）并发症

并发症多见于慢性和晚期病例，以阑尾炎较多见。

血吸虫病患者并发急性细菌性阑尾炎时易引起穿孔、阑尾炎脓肿、阑尾炎组织内虫卵沉积，阑尾穿孔易引起弥漫性腹膜炎并发症。

血吸虫病患者的结肠病变严重时可产生结肠狭窄，引起排便困难以及其他肠梗阻症状。

在血吸虫病肠道增殖性病变的基础上发生癌变者并不少见。

三、治　疗

（一）支持与对症疗法

急性期持续高热病人，可先用肾上腺皮质激素或解热剂缓解中毒症状和降温处理。对慢性和晚期患者，应加强营养给予高蛋白饮食和多种维生素，并注意对贫血的治疗，肝硬变有门脉高压时，应加强肝治疗，以及外科手术治疗。患有其他肠道寄生虫病者应驱虫治疗。

（二）病原治疗

吡喹酮本药目前为治疗血吸虫病的首选药物，具有高效、低毒、副作用轻、口服、疗程短等优点。对幼虫、童虫及成虫均有杀灭作用。对急性血吸虫病临床治疗治愈率很高。副作用少而轻，可有头昏、乏力、出汗、轻度腹疼等。

蒿甲醚和青蒿琥酯也可用于治疗血吸虫病。

四、预　防

不在有钉螺分布的湖水、河塘、水渠里游泳、戏水。

因生产生活不可避免接触疫水者，可在接触疫水前涂抹防护油膏，预防血吸虫感染。

接触疫水后，要及时到当地血防部门进行必要的检查和早期治疗。

五、研究进展

在中草药研究方面，我国学者于20世纪80年代初先后发现青蒿素及其衍生物具有抗日本血吸虫作用。90年代合成蒿甲醚（Artemether）与青蒿琥酯（Artesunate），用于口服预防取得重大突破。蒿甲醚对7 d童虫敏感性较大，且对雌虫子宫内虫卵发育有影响。

第九节　旋毛虫病

一、旋毛虫病概念及基本情况

旋毛虫病是旋毛形线虫引起的人畜共患病。人因生食或未煮熟含有活的旋毛虫幼虫而感染。主要临床表现有胃肠道症状、发热、眼睑水肿和肌肉疼痛。

英文名称：trichinelliasis。

就诊科室：内科。

常见病因：旋毛虫寄生人体。

常见症状：胃肠道症状，发热，眼睑水肿和肌肉疼痛。

常见主要有蛔虫、蛲虫、滴虫感染等，部分地区有血吸虫、肝吸虫感染等。

（一）病　因

人类食生或不熟的猪或其他动物肉而感染。骨骼肌中的包囊幼虫在 -20℃时可存活 57 d，在腐肉中可存活 2 ~ 3 个月。不充分的熏烤或涮食都不足以杀死包囊幼虫。此外，在动物间通过粪便传播受到一定的关注，人群间此种传播也并非不可能，尤其感染后 4 h 内排出的粪便感染力最强。

（二）临床表现

潜伏期 2 ~ 45 d，多为 10 ~ 15 d，潜伏期长短与病情轻重呈负相关。临床症状轻重则与感染虫量呈正相关。

1. 早期

相当于成虫在小肠阶段。可表现有恶心、呕吐、腹痛、腹泻等，通常轻而暂短。

2. 急性期

幼虫移行时期。病多急起。主要表现有发热、水肿、皮疹、肌痛等。发热多伴畏寒、以弛张热或不规则热为常见，多在 38 ~ 40 ℃，持续 2 周，重者最长可达 8 周。发热同时，约 80% 患者出现水肿，主要发生在眼睑、颜面、眼结膜，重者可有下肢或全身水肿。进展迅速为其特点。多持续 1 周左右。皮疹多与发热同时出现，好发于背、胸、四肢等部位。疹形可为斑丘疹、猩红热样疹或出血疹等。全身肌肉疼痛甚剧。多与发热同时或继发热、水肿之后出现，伴压痛与显著乏力。

皮肤呈肿胀硬结感。重症患者常感咀嚼、吞咽、呼吸、眼球活动时疼痛。此外，累及咽喉可有吞咽困难和喑哑；累及心肌可出现心音低钝、心律失常、奔马律和心功能不全等；累及中枢神经系统常表现为头痛、脑膜刺激征，甚而抽搐、昏迷、瘫痪等；肺部病变可导致咳嗽和肺部啰音；眼部症状常失明、视力模糊和复视等。

3. 恢复期

随着肌肉中包囊形成，急性炎症消退，全身性症状如发热、水肿和肌痛逐渐减轻。患者显著消瘦，乏力，肌痛和硬结仍可持续数月。最终因包囊壁钙化及幼虫死亡而症状完全消失。严重病例呈恶病质状态，因虚脱、毒血症或心肌炎而死亡。

（三）检查

1. 血　象

在疾病活动期有中等度贫血和白细胞数增高，嗜酸性粒细胞显著增高，以发病 3 ~ 4 周为最高；可达 80% ~ 90%，持续至半年以上；重度感染、免疫功能低下或伴有细菌感染者可以不增高。

2. 病原学检查

应取标本检查包囊或胃蛋白酶消化处理后离心，取沉渣以亚甲蓝染色镜检，找幼虫或将残肉喂动物（大鼠），2 ~ 3 d 后检查其肠内幼虫，如获旋毛虫幼虫即可确诊。如已发病 10 d 后，可做肌肉活检，常取三角肌或腓肠肌活检，阳性率较高。

在腹泻早期，可在大便中找到幼虫，在移行期偶可在离心的血液、乳汁、心包液和脑脊液中查见幼虫。

3. 免疫学检查

（1）皮内试验：用旋毛虫幼虫浸出液抗原（1∶2 000 ~ 1∶10 000）取 0.1 mL，皮内注射后 15 ~ 20 min，皮丘 >1 cm，红晕直径 >2 cm；而对照用 0.1% 硫柳汞 0.1 mL，在另一侧前臂皮内注射为阴性反应时即判定皮试为阳性。此法有较高灵敏性与特异性，方法简单，很快获结果。

（2）血清学检查：用旋毛虫可溶性抗原检测患者血清的特异性抗体有助

于诊断。可用玻片凝集法、乳胶凝集试验、补体结合试验、对流免疫电泳、间接免疫荧光抗体试验和酶联免疫吸附试验等，检测患者血清抗体以后，两者的敏感性与特异性较好。如恢复期血清抗体较急性期增加 4 倍以上更有诊断意义。

(3) 其他肌肉活检：找到旋毛幼虫，尿常规检查可有蛋白尿及颗粒或蜡样管型和红细胞。在病程 3 ~ 4 周时，球蛋白增高，而白蛋白降低，甚至比例倒置，免疫球蛋白 IgE 显著升高。

(4) 可相应作 X 线、B 超、心电图等检查。

二、诊　断

依进食未熟肉食的流行病学史及典型的临床表现，不难疑及本病，再结合病原学检查或免疫学检查结果，确定诊断并无困难。

鉴别诊断应与食物中毒、肠炎、伤寒、钩端螺旋体病、血管神经性水肿及皮肌炎等鉴别。

三、治　疗

(一) 一般治疗

症状明显者应卧床休息，给予充分营养和水分，肌痛显著可予镇痛剂。有显著异性蛋白反应或心肌中枢神经系统受累的严重患者，可给予肾上腺皮质激素，最好与杀虫药同用。

(二) 病原治疗

根据病原对症治疗。也可采用苯咪唑类药物，其疗效较好，副作用相对较轻。

四、研究进展

简莎娜等（2016）认为，旋毛虫病的血清学诊断技术基于诊断抗原的研究。旋毛虫抗原分为排泄—分泌抗原、表面抗原、虫体抗原及重组抗原。排泄—分泌抗原是旋毛虫肌幼虫分泌排泄物，重要的组分有 p49、p53 和杆细胞相关颗粒抗原等，前者对旋毛虫病有诊断价值，p53 可区分现症感染与既往感染，而后者则具早期诊断价值。旋毛虫虫体表面抗原的研究较少，处于起步阶段。旋毛虫的虫体抗原成分复杂，多与其他寄生虫病有交叉反应，用作诊断抗原的价值还有待考证。

第十节　猪囊尾蚴病

一、猪囊尾蚴病概念及基本情况

猪囊尾蚴病（cysticercoids cellulosae）俗称囊虫病，是猪带绦虫的蚴虫即猪囊尾蚴（Cysticercuscellu-losae）寄生人体各组织所致的疾病。因误食猪带绦虫卵而感染，也可因体内有猪带绦虫寄生而自身感染。根据囊尾蚴寄生部位的不同，临床上分为脑囊尾蚴病、眼囊尾蚴病、皮肌型囊尾蚴病等，其中以寄生在脑组织者最严重。

西医学名：猪囊尾蚴病。

其他名称：囊虫病。

所属科室：内科。

发病部位：癫痫，头痛，皮下结节。

主要病因：寄生虫感染。

传染性：有传染性。

病原学

猪囊尾蚴俗称囊虫，是猪带绦虫的幼虫，呈卵圆形白色半透明的囊，约 8～10 mm蚴俗称囊。囊壁内面有一小米粒大的白点，是凹入囊内的头节，其结构与成虫头节相似，头节上有吸盘、顶突和小钩，典型的吸盘数为 4 个，有时可为 2～7 个，小钩数目与成虫相似，但常有很大变化。囊内充满液体。囊尾蚴的大小、形态因寄生部位和营养条件的不同和组织反应的差异而不同，在疏松组织与脑室中多呈圆形，约 5～8 mm；在肌肉中略长；在脑底部可大到 2.5 cm，并可分支或呈葡萄样，称葡萄状囊尾蚴。

二、流行病学

猪带绦虫病人是囊尾蚴病的惟一传染源。任何性别、年龄都可患本病，据国内报告年龄最小的为 8 个月，最大的是 76 岁。

猪带绦虫病及囊尾蚴病广泛分布于世界各地。在欧洲、中南美洲、非洲、澳洲及亚洲等地都有本病发生和流行。囊尾蚴病为我国北方主要的人兽共患寄生虫病，以东北、内蒙、华北、河南、山东、广西等省、自治区较多。

三、发病机制

人作为猪带绦虫的终宿主，成虫寄生人体，使人患绦虫病，当其幼虫寄生人体时，人便成为猪带绦虫的中间宿主，使人患囊尾蚴病。人感染囊尾蚴病的方式如下。

（一）异体感染

也称外源性感染，是由于食入被虫卵污染的食物而感染。

（二）自体感染

是因体内有猪带绦虫寄生而发生的感染。若患者食入自己排出的粪便中的虫卵而造成的感染，称自身体外感染；若因患者恶心、呕吐引起肠管逆蠕动，使肠内容物中的孕节返入胃或十二指肠中，绦虫卵经消化孵出六钩蚴而造成的感染，称自身体内感染。自身体内感染往往最为严重。

据调查，自体感染只占30%～40%，因而异体感染为主要感染方式。所以从未吃过“因豆猪肉”的人也可感染囊尾蚴病。人感染猪带绦虫卵后，卵在胃与小肠经消化液作用，六钩蚴脱囊而出，穿破肠壁血管，随血散布全身，经9～10周发育为囊尾蚴。

四、病理改变

囊尾蚴病所引起的病理变化主要是由于虫体的机械性刺激和毒素的作用。囊尾蚴在组织内占据一定体积，是一种占位性病变；同时破坏局部组织，感染严重者组织破坏也较严重；囊尾蚴对周围组织有压迫作用，若压迫管腔可引起梗阻性变化；囊尾蚴的毒素作用，可引起明显的局部组织反应和全身程度不等的血嗜酸性粒细胞增高及产生相应的特异性抗体等。猪囊尾蚴在机体内引起的病理变化过程有3个阶段：①若组织产生细胞浸润，病灶附近有中性、嗜酸性粒细胞、淋巴细胞、浆细胞及巨细胞等浸润。②发生组织结缔样变化，胞膜坏死及干酪性病变等。③出现钙化现象。整个过程约3～5年。囊尾蚴常被宿主组织所形成的包囊所包绕。囊壁的结构与周围组织的改变因囊尾蚴不同寄生部位、时间长短及囊尾蚴是否存活而不同。

猪囊尾蚴在人体组织内可存活 3 ~ 10 年之久，甚至 15 ~ 17 年。囊尾蚴引起的病理变化导致相应的临床症状，其严重程度因囊尾蚴寄生的部位、数目、死活及局部组织的反应程度而不同。中枢神经系统的囊尾蚴多寄生在大脑皮质，是临床上癫痫发作的病理基础。

五、临床表现

由于囊尾蚴在脑内寄生部位、感染程度、寄生时间、虫体是否存活等情况的不同以及宿主反应性的差异，临床症状各异，从无症状到突然猝死。潜伏期 1 个月到 5 年内者居多，最长可达 30 年。

（一）脑囊尾蚴病

表现复杂，以癫痫、头痛为最常见的症状，有时有记忆力减退和精神症状或偏瘫、失语等神经受损症状，严重时可引起颅内压增高，导致呕吐、视力模糊、视神经乳头水肿，乃至昏迷等。据临床表现可分以下类型：

（1）脑实质型。

最常见，占脑囊尾蚴病的 80% 以上。囊尾蚴常位于大脑皮质表面近运动中枢区，癫痫为其最常见症状，约半数患者以单纯大发作为惟一的首发症状。

（2）脑室型。

约占脑囊尾蚴病的 10%，囊尾蚴在脑室孔附近寄生时可引起脑脊液循环障碍、颅内压增高等。四脑室或侧脑室带蒂的囊尾蚴结节可致脑室活瓣性阻塞，四脑室有囊尾蚴寄生时，四脑室扩大呈球形。反复出现突发性体位性剧烈头痛、呕吐、甚至发生脑疝。

（3）软脑膜型（蛛网膜下腔型或脑底型）。

也约占脑囊尾蚴病的 10%，囊尾蚴寄生于软脑膜可引起脑膜炎，本型以急性或亚急性起病的脑膜刺激症状为特点，并长期持续或反复发作，病变以颅底及颅后凹部多见，表现有头痛、呕吐、颈强直、共济失调等症状，起病时可有发热，多在 38 ℃上下，持续 3 ~ 5 d，但多数患者常不明显，脑神经损伤也较轻微。

（4）脊髓型。

因寄生部位不同可引起相应的不同症状，如截瘫、感觉障碍、大小便潴留等。

（5）混合型（弥漫性）。

多为大脑型与脑室型的混合型。上述神经症状更为显著。

（二）皮下及肌肉囊尾蚴病

部分囊尾蚴病患者有皮下囊尾蚴结节。当囊尾蚴在皮下、黏膜下或肌肉中寄生时，局部可扪及约黄豆粒大（0.5～1.5 cm），近似软骨硬度、略有弹性、与周围组织无粘连，在皮下可移动，本皮色、无压痛的圆形或椭圆形结节。结节以躯干、头部及大腿上端较多。一般无明显感觉，少数患者局部有轻微的麻、痛感。

（三）眼囊尾蚴病

占囊尾蚴病2%以下，多为单眼感染。囊尾蚴可寄生在眼的任何部位，但多半在眼球深部，如玻璃体（占眼囊尾蚴病例的50%～60%）和视网膜下（占28%～45%）。此外，可寄生在结膜下、眼前房、眼眶内、眼睑及眼肌等处。位于视网膜下者可引起视力减退乃至失明，常为视网膜剥离的原因之一。位于玻璃体者可自觉眼前有黑影飘动，在裂隙灯下可见灰蓝色或灰白色圆形囊泡，周围有金黄色反射圈，有时可见虫体蠕动。眼内囊尾蚴寿命约为1～2年，当眼内囊尾蚴存活时患者常可忍受，而当虫体死后常引起强烈的刺激，可导致色素膜、视网膜、脉络膜的炎症、脓性全眼球炎、玻璃体混浊等，或并发白内障、青光眼，终至眼球萎缩而失明。

（四）其他部位囊尾蚴病

囊尾蚴还可寄生如心肌等脏器或组织，可出现相应的症状或无症状。但均较罕见。

六、疾病诊断

当在皮下触摸到弹性硬的黄豆粒大小的圆形或椭圆形可疑结节时应疑及囊尾蚴病。若有原因不明的癫痫发作，又有在此病流行区生食或半生食猪肉史，尤其有肠绦虫史或查体有皮下结节者，应疑及脑囊尾蚴病。常用的诊断方法如下。

（一）诊断方法

1. 病原学检查

可手术摘取可疑皮下结节或脑部病变组织作病理检查，可见黄豆粒大小，卵圆形白色半透明的囊，囊内可见一小米粒大的白点，囊内充满液体。囊尾蚴在肌肉中多呈椭圆形，在脑实质内多呈圆形，在颅底或脑室处的囊尾蚴多较大，约5～8 mm，大的可达4～12 cm，并可分支或呈葡萄样。

2. 免疫学检查

包括抗体检测、抗原检测及免疫复合物检测。抗体检测能反应受检者是否感染或感染过囊尾蚴，但不能证明是否是现症患者及感染的虫荷。

现用于抗体检测的抗原多为粗制抗原，如囊液抗原、头节抗原、囊壁抗原及全囊抗原，这些抗原常能与其他寄生虫感染产生交叉反应，特异性不强。免疫学检查方法，早期有补体结合试验、皮内试验、胶乳凝集试验等，其中有的方法虽简便快速但特异性差，假阳性率高。

ELISA 法和 IHA 法是目前临床上和流行病学调查中应用最广。但要强调的是，上述免疫学检查均可有假阳性或假阴性，故阴性结果也不能完全除外囊尾蚴病。

3. 影像学检查

头颅 CT 及 MRI 检查对脑囊虫病有重要的诊断意义。

4. 其他检查

脑脊液：软脑膜型及弥漫性病变者脑压可增高。脑脊液改变为细胞数和蛋白质轻度增加，糖和氯化物常正常或略低。嗜酸粒细胞增高，多于总数的5%，有一定诊断意义。

血象：大多在正常范围，嗜酸粒细胞多无明显增多。

眼底检查：有助于眼囊尾蚴病诊断。

（二）诊断要点

流行病学史：有绦虫病史或有与绦虫病病人密切接触史。

病原学检查：皮下结节做病理检查。

免疫学检查：血清及脑脊液囊虫抗体检测可为阳性。

影像学检查：符合囊虫病的表现。

临床表现：皮下结节、癫痫发作、视力减退等。

（三）鉴别诊断

皮下结节需要与皮下脂肪瘤鉴别。
颅内病变需要与结核、肿瘤等病变鉴别。

七、疾病治疗

有眼内囊虫者必须先行眼内囊虫摘除手术；有脑室通道阻塞的脑型患者，药物治疗前宜先行手术摘除阻塞部位的囊尾蚴，以免发生危险。

（一）病原治疗

（1）阿苯达唑

阿苯达唑为一种新型广谱驱虫剂，1987 年发现它能有效治疗神经系统囊虫病，由于疗效确切，显效率达 85% 以上，副反应轻，为目前治疗囊虫病的首选药物。

阿苯达唑在体内首先经过肝脏代谢为氧硫基（ALBSO）和磺基两部分，前者是阿苯达唑直接或间接起作用的主要成分。由于它的低脂溶性，个体间药物浓度差异很大。口服 15 mg/kg 阿苯达唑后，其 ALBSO 浓度的高峰值在（0.45～2.9）mg/L，半衰期在 6～15 h。脑脊液中的浓度与血浆浓度之比为1∶2。

ALBSO 较吡喹酮能更好地透过蛛网膜下腔，这一特性使阿苯达唑有较好的治疗效果。

治疗脑囊虫病常用剂量是 20 mg（kg/d，体重以 60 kg 为上限），10 d 为 1 个疗程。3～6 个月复查，必要时可重复杀虫治疗。皮肌型疗程为 7 天，剂量同上。

副作用主要有头痛、呕吐、低热、视力障碍、癫痫等。个别病人反应较重：原有癫痫发作更甚，脑水肿加重、可发生脑疝、脑梗死、过敏性休克甚至死亡。反应多发生在服药后最初 2～7 d，常持续 2～3 d。少数患者于第一疗程结束后 7～10 d 才出现反应。

副反应主要是由于虫体死后产生急性炎性水肿，引起颅内压增高及过敏反应所致。激素治疗可显著减轻这些反应。

（2）吡喹酮

吡喹酮是一种广谱驱虫药，常用剂量为 40 mg（kg/d），分 3 次口服，连服9 d，约60% ~70%脑实质囊虫病灶消失。必要时1个月后可重复1疗程。

（二）对症治疗

宿主的免疫反应是脑囊虫病并发症的主要原因，一些病人由于形成免疫耐受，囊虫在脑内长期生存只引起轻微的甚至没有症状，而另外一些病人免疫反应强烈，导致病灶周围水肿、纤维化、血管炎。其予后及神经系统损害程度与宿主的免疫反应直接相关，而不是由囊虫直接损害所致。

皮类固酮是抗炎治疗的有效药物，适用于囊虫性脑炎和抗囊虫治疗中因虫体坏死所致炎性反应。这时首先要控制脑水肿，可大剂量短疗程静点地塞米松（30 mg/d）或甲泼尼松龙［20 ~40 mg（kg/松）］。

对有颅内压增高者，宜先每日静滴20%甘露醇250 mL，内加地塞米松5 ~10 mg，连续3 d后再开始病原治疗。疗程中也可常规应用地塞米松和甘露醇，以防止副反应的发生或加重。

对有癫痼发作的患者给与抗癫痫治疗。

（三）推荐抗虫治疗方案

（1）基本用药（选用其中一种）

①阿苯达唑：20 mg/kg，分3次服，10 d为一疗程。②吡喹酮：总量180 mg/kg，每天分3次服用，7 ~10 d为一疗程。

（2）疗程与疗程间隔期

①多数病人采用1 ~3个疗程，疗程间歇期2 ~3个月。②如病情需要，可延长1 ~3个疗程或换用另种抗虫药物。

（四）治疗中的几个问题

脑囊虫病人必须住院治疗。

眼囊虫病人必须先行手术治疗。

脑囊虫病人，应根据病情需要同时采用降颅压、抗癫痼、肾上腺皮质激素等药物或其他对症治疗方法。

不能简单地以癫痼症状的存在作为持续应用抗虫药物的依据，若其余症状和体征已消失，头颅影像学显示囊虫病灶已消失而仅存钙化灶时，应视为病原学治愈而停用抗虫药，仅采用对症（抗癫痼）治疗。

单纯皮肌型病人，药物剂量及疗程可酌减。

在疾病预后方面，该病的预后与病情的具体情况相关，早发现、早治疗一般预后良好。

（五）疾病预防

预防措施同猪带绦虫病的预防。根据我国目前囊尾蚴病流行的新特点，许隆祺等提出以下 5 点建议。

①在囊尾蚴病流行区，采用包括免疫学诊断在内的综合检验方法对猪群进行普查，查出阳性病猪全部治疗，如果没有条件进行普查，也可考虑在囊尾蚴病流行区对全部猪群进行普治。②加强肉品检验，做到有宰必检。村或单位自宰自食猪肉都必须进行肉检，一经发现囊尾蚴，应立即处理。③修建无害化厕所，管好人粪便，建好猪圈，实行圈养猪。④在本病流行区，对人群进行猪带绦虫检查，阳性者给予及时驱虫，消灭传染源。⑤进行健康教育，提高群众自我防护能力，把好“病从口入”关。

（六）疾病护理

治疗期间要卧床休息。

有癫痫病史者在杀虫治疗期间不要离开病房。做好病人的安全护理。

观察患者在治疗过程中的反应。

（七）专家观点

不需要在短期内反复用杀虫药物，常见到有患者两个量程间隔只有 10～14 d，由于虫体死亡后病灶不会马上消失，疗效如何需要一定时间的观察。

该病早发现、早治疗一般预后良好。

到餐馆就餐要选择卫生条件好的地方。

有绦虫病的患者一定要及时治疗，因为猪带绦虫病不但关乎自己的健康，还会导致其他人被感染。

（八）研究进展

周必英等（2010）认为 DNA 疫苗是一种新型疫苗，用于猪囊尾蚴病的防治具有广阔的前景。但将 DNA 疫苗发展成为一种理想的猪囊尾蚴病疫苗，需解决以下问题：①从理论上讲，DNA 疫苗有可能整合到宿主细胞染色体基因组

DNA 上，使宿主细胞肿瘤抑制基因失活或肿瘤基因活化，产生癌变以及引起宿主免疫系统功能紊乱等方面的潜在危险，其安全性问题应引起人们的注意。②同时还应加强猪囊尾蚴病 DNA 疫苗的免疫保护效果研究。③ 由于猪囊尾蚴在宿主体内长期寄生过程中，产生多种免疫逃避机制，人们采用了一些免疫因子如 Cp G 免疫激活序列、IL-2、IL-4、IL-6 等细胞因子作为疫苗的免疫增强佐剂，产生了较好的免疫保护效果。

第十一节　马鼻疽

一、马鼻疽的概念及基本情况

马鼻疽（Glanders）是马、骡、驴等单蹄动物的一种高度接触性的传染病，人也可以感染。以在鼻腔、喉头、气管黏膜或皮肤上形成鼻疽结节、溃疡和瘢痕，在肺、淋巴结或其他实质器官发生鼻疽性结节为特征。病原为假单胞菌属（Pseudomonas）的鼻疽杆菌（Pseudomonas mallei）。

中文学名：马鼻疽。

界：动物界。

长：2 ~5μm。

宽：0. 3 ~0. 8μm。

二、分布危害

马鼻疽分布极为广泛，全世界都有发生，法国、挪威、丹麦、英国、德国、南斯拉夫、希腊、瑞典、土耳其、美国、加拿大、伊朗、日本等国都有许多发病报道，严重威胁农牧业生产。自第一次世界大战以后，美、加及大多数欧洲国家，已将鼻疽消灭或基本消灭了。1938 年，只有罗马尼亚、波兰及前苏联有较重的疫情。1981 年，莫桑比克、墨西哥、土耳其、叙利亚、阿富汗、印度和缅甸尚有本病发生。

三、疾病病原

鼻疽假单胞菌长2 ~5μm、宽0. 3 ~0. 8μm、两端钝圆、不能运动、不产生芽胞和荚膜，幼龄培养物大半是形态一致呈交叉状排列的杆菌，老龄菌有棒状、分枝状和长丝状等多形态，组织抹片菌体着色不均匀时，浓淡相间，呈颗粒状，很似双球菌或链球菌形状。革兰氏染色阴性，常用苯胺染料可以着色，以稀释在石炭酸复红或碱性美兰染色时，能染出颗粒状特征。电镜观察，在胞浆内见网状嗜铖包含物而与其他革兰氏阴性菌有所区别。

需氧和兼性厌氧菌，发育最适宜温度为37～38 ℃，最适pH值6.4～7.0。在4%甘油琼脂中生长良好，经24 h培养后，形成灰白带黄色有光泽的正圆形小菌落，48小时后菌落增大至2～3 mm。开始为半透明，室温放置后逐渐黄褐色泽加深，菌落粘稠。在含2%血液或0.1%裂解红细胞培养基内发育更好，在鲜血琼脂平板上不溶血；在硫堇葡萄糖琼脂上生长时，菌落呈淡黄绿色到灰黄色；在孔雀绿酸性复红琼脂平皿生长时，菌落呈绿色。

在甘油肉汤培养时，肉汤呈轻度混浊，在管底可形成粘稠的灰白色沉淀，摇动试管时沉淀呈螺旋状上升，不易破碎。老龄培养物可形成菌环和菌膜。

在马铃薯培养基上48 h培养后，可出现黄棕色粘稠的蜂蜜样菌苔，随培养日数的延长，黄色逐渐变深。在石蕊牛乳培养基内培养10～20 d后，可从管底部凝固，凝乳不胨化，石蕊变红。在通气条件下深层培养，生长旺盛，48～72 h培养物，菌数可达（260～270）亿/mL。培养物的pH值无显著变化，其中的细菌也不发生变异，而静止培养同样时间，活菌数不超过（1～1.5）亿/mL，培养基的酸碱度上升为pH值8.0左右，其中的细菌也易发生变异。生化反应极弱，部分菌株可分解葡萄糖和杨苷，产酸不产气；不能还原硝酸盐；产生少量硫化氢和氨，但不产生靛基质；不液化明胶；M. R. 和V－P试验阴性；不产生氧化酶；但精氨酸双水解酶试验为阳性。

马鼻疽有两种抗原，一种为特异性抗原，另一种为与类鼻疽共同的抗原。与类鼻疽菌在凝集试验、补体结合试验和变态反应中均有交叉反应。

仅有内毒素。内毒素对正常动物的毒性不强，若将同一剂量的内毒素注射已感染本菌的动物，则在1～2 d内死亡，说明内毒素含有一种物质可引起感染动物出现变态反应。这种物质是一种蛋白质即鼻疽菌素（Mallein），它与类鼻疽菌素均含有多醣肽的同族半抗原，是鼻疽马和类鼻疽马点眼都出现阳性交叉反应的原因。

马皮下注射1 000个活菌就可发病，口服1 500个活菌也可感染。多在注射后48～72 h呈现体温反应，局部肿胀化脓，颌下淋巴结肿大，日渐消瘦。驴以本菌的感受性更强，皮下注射15～30个活菌即可发病，呈急性经过，大部分在10～14 d内死亡。实验动物中以猫、仓鼠和田鼠最敏感，豚鼠次之，大、小鼠易感性差。

流行病学

马鼻疽通常是通过患病或潜伏感染的马匹传入健康马群，鼻疽马是本病的传染病，开放性鼻疽马更具危险性。自然感染是通过病畜的鼻分泌液、咳出液和溃疡的脓液传播的，通常是在同槽饲养、同桶饮水、互相啃咬时随着摄入受鼻疽菌污染的饲料、饮水经由消化道发生的。皮肤或黏膜创伤而发生的感染较少见。人感染鼻疽主要经创伤的皮肤和黏膜感染；人经食物和饮水感染的罕见。人和多种温血动物都对本病易感。动物中以驴最易感，但感染率最低；骡居第二，但感染率却比马低；马通常取慢性经过，感染率高于驴、骡。我国骆驼有自然发病的报道。反刍动物中的牛、山羊、绵羊人工接种也可发病，但狼、狗、绵羊和山羊偶尔也会自然感染本病。捕获的野生狮、虎、豹、豺和北极熊因吃病畜肉也得此病而死亡。鬣狗也可感染，但可耐过。

新发病地区常呈爆发性流行，多取急性经过；在常发病地区马群多呈缓慢、延续性传播。鼻疽一年四季均可发生。马匹密集饲养，在交易市场、大车店使用公共饲槽和水桶，以及马匹大迁徒、大流动，都是造成本病蔓延因素。本病一旦在某一地区或马群出现，如不及时采取根除措施，则长期存在，并多呈慢性或隐性经过。当饲养管理不善、过劳、疾病或长途运输等应激因素影响时，又可呈爆发性流行，引起大批马匹发病死亡。

四、临诊症状

人工感染为 2 ~5 d，自然感染约为 2 周至几个月之间。由于不少马匹在感染后不表现任何临诊症状，因此可以区分为临诊鼻疽和潜伏性鼻疽两种病型。

在临诊上，鼻疽分为急性或慢性两种。不常发病地区的马、骡、驴的鼻疽多为急性经过，常发病地区马的鼻疽主要为慢性型。

（一）急性鼻疽

经过 2 ~4 d 的潜伏期后，以弛张型高热 39 ~41 ℃、寒战、一侧性黄绿色鼻液和下颌淋巴结发炎，精神沉郁，食欲减少，可视黏膜潮红并轻度黄染。鼻腔黏膜上有小米粒至高梁大的灰白色圆形结节，突出黏膜表面，周围绕以红晕。结节迅速坏死、崩解，形成深浅不等的溃疡。溃疡可融合，边缘不整隆起如堤状，底面凹陷，呈灰白或黄色。由于鼻黏膜肿胀和声门水肿，呼吸困难。常发鼻衄血或咳出带血黏液，时发干性短咳，听诊肺部有罗音。外生殖器、乳房和四肢出现无痛水肿。绝大部分病例排出带血的脓性鼻汁，并沿着颜面、四肢、肩、胸、下腹部的淋巴管，形成索状肿胀和串珠状结节，索状肿胀常破溃。患畜食欲废绝，迅速消瘦，经7～21 d死亡。

（二）慢性鼻疽

常见感染马多为这种病型。开始由一侧或两侧鼻孔流出灰黄色脓性鼻汁，往往在鼻腔黏膜见有糜烂性溃疡，这些病马称为开放性鼻疽马。呈慢性经过的病马，在鼻中膈溃疡的一部分取自愈经过时，形成放射状瘢痕。触诊颌下、咽背、颈上淋巴结肿胀、化脓，干酪化，有时部分发生钙化，有硬结感。下颌淋巴结因粘连几乎完全不能移动，无疼痛感。患畜营养下降，显著消瘦，被毛粗乱无光泽，往往陷于恶病质而死。

有的慢性鼻疽病例其临诊症状不明显。病畜常常表现不规则的回归热或间隙热。有时见到与慢性呼吸困难相结合的咳嗽。在后肢可能有鼻疽性象皮病。

（三）潜伏性鼻疽

可能存在多年而不发生可见的病状。在部分病例，首先是潜伏性病例，鼻疽可能自行痊愈。

五、机理病理

当鼻疽杆菌随着受污染的饲料或饮水进入消化道，它们通过咽黏膜侵入黏膜下结缔组织中，顺着淋巴管到达最近的淋巴结中并在其中繁殖。在少数情况下，它们被动物机体消灭。在大多数情况下，它们侵入血流中。经由皮肤感染的则是立刻侵入血流。细菌被血流带到各器官，特别是肺脏中，在此引起鼻疽小结节和溃疡。在各器官中发生的变化有时因机体抵抗力强可不再发展，病变局限在原发部位甚至自愈。在多数情况下病变继续发展，病变局限在原发部位甚至自愈。在多数情况下病变继续发展，经由血流在其他器官中引起鼻疽的转移病灶，特别是晚期病例中的鼻疽和皮疽便是以这样的方式发生的。淋巴源性散播多见于皮肤上的鼻疽病变，病菌沿淋巴管的径路向附近的组织蔓延，形成串珠状的鼻疽结节，称为鼻疽淋巴管炎即皮疽。在少数病例，由于吸入病马咳出的或喷出的支气管分泌液而发生肺脏感染患病。驴易感性强，病菌直接进入血流而迅及扩散全身，在各器官中形成大量鼻疽结节，取急性经过，往往以败血症死亡。

鼻疽的主要病理变化：上呼吸道病变在鼻腔、鼻中膈、喉头甚至气管黏膜形成结节、溃疡，甚至鼻中隔穿孔。慢性病例的鼻中隔和气管黏膜上，常见部分溃疡愈合形成或放射状瘢痕。

肺脏病变结节大小不一，从粟粒大到鸡卵大，在肋膜呈半圆形隆起，也散在于肺的深部。初期是以渗出为主米粒大伴有充、出血的暗红色病灶，但随着向慢性转化，中心坏死、化脓、干酪化，周边被由增殖性组织形成的红晕所包围。病变陈旧时红晕变得不清楚，中心部钙化。急性渗出性肺炎是由支气管扩散而来，可形成鼻疽性支气管肺炎，严重时形成鼻疽性脓肿，细胞性纤维素性的黑红色或灰白色渗出物流到支气管，往往表成空洞，脓性渗出物可经支气管排出。转为慢性时，形成由结缔组织构成的包膜，钙盐沉积形成的硬节内部，可见细小的脓肿和部分发生瘢痕化。鼻疽性支气管肺炎，其特征是可见明显的炎性水肿，有时化脓、软化，但取慢性经过时，中心部呈灰泥样。

皮肤病变索状肿化脓、崩溃，成为糜烂性溃疡。溃疡一般浅而小有黄红色的渗出液流出，使周围的被毛黏着。

淋巴结病变以颌下、咽背、颈上等体表淋巴结为主，各脏器附属的淋巴结也发生髓样肿胀，继而可见化脓、干酪化的结节。

六、研究进展

陈琦等（2012）认为，目前尚无有效马鼻疽菌苗。为消灭、控制该病，必须做好检测和消灭传染源这一主要环节，防控的主要工作是定期对所有马匹进行马来因（鼻疽菌素）实验，扑杀所有感染的马匹，以及加强消毒。通常不对任何证实感染马鼻疽的马属动物进行治疗。在对感染豚鼠的治疗中，氨苄西林、磺胺类药物、庆大霉素等大剂量使用有一定效果。

第十二节　野兔热

一、野兔热概念及基本情况

野兔热（tularaemia）又称兔热病、土拉热、土拉菌病、土拉弗氏菌病、土拉弗伦斯病和土拉弗伦斯菌病，是一种主要感染野生啮齿动物并可传染给家畜和人类的自然疫源性疾病。以体温升高，淋巴结肿大、脾和其他内脏点状坏死变化为特征。

中文名：野兔热。

外文名：tularaemia。

别称：兔热病、土拉热等。

特征：体温升高，淋巴结肿大等。

传染性：有传染性。

二、分布危害

本病由McCoy（1911）首先发现于美国加利福尼亚洲的土拉县（Tulare county，新定译为图莱里县），以后在美洲、欧洲和亚洲的一些国家陆续报告本病。

本病在世界上分布很广，主要分布在北半球，美国、加拿大、墨西哥、委内瑞拉、厄瓜多尔、哥伦比亚、挪威、瑞典、奥地利、法国、比利时、荷兰、德国、芬兰、保加利亚、阿尔巴尼亚、希腊、瑞士、意大利、南斯拉夫、前苏联、泰国、日本、喀麦隆、卢旺达、布隆迪、西非诸国等均有流行。

由于本病的传播方式多种多样，易感动物广泛，容易形成自然疫源性，因而难以消灭，在公共卫生方面也意义重大，毛皮、肉类加工人员、农业、林业、畜牧业、渔业工作人员都容易受到感染。动物感染野兔热会造成严重的经济损失，如美国羊群中的多次流行，曾造成大批动物死亡，康复的羊群大都体质衰弱，羊毛断裂，脱落，严重影响毛皮产量和质量，对旅游业也有一定的影响。

三、疾病病原

该病病原为土拉热弗朗西氏菌（Francisella tularensis），该菌原属巴氏杆菌属，现为弗朗西氏菌属（Francisella），该属共有三种细菌，F. philomiragia 在抗原和脂肪酸组成方面与土拉弗朗西氏菌相类似，另一种为新杀手弗朗西氏菌（F. novicida），与土拉弗朗西氏菌属于同一生物型，有人建议将其命名为土拉弗朗西氏新杀手变种（F. tularensis biovar novicida）。

根据对家兔等实验动物的致病性及分解甘油的能力不同，土拉弗朗西氏菌被分为旧北区变种（欧亚变种，也称B型菌）和新北区变种（美洲变种也称A型菌），A型菌多数能分解甘油，毒力强，B型菌多数不分解甘油，对人毒力弱，此外，尚有介于两者之间的变种。

土拉弗朗西氏菌是一种多形态的细菌，在动物血液中近似球形，在培养物中呈球状、杆状、豆状、丝状和精子状等，大小约为0.2～1μm，该菌是一种多形态，无鞭毛，不能运动，不产生芽孢，在动物体内可形成荚膜。革兰氏染色阴性，美蓝染色两极着染，经3%盐酸酒精固定标本，用碳酸龙胆紫或姬姆萨染液极易着色。

该菌为专性需氧菌，营养要求较高，在普通琼脂和肉汤中均不生长，只在加入胱氨酸、半胱氨酸、血液或卵黄的培养基中生长，常用的凝固卵黄培养基，接种材料含菌量较大时，能形成具有光泽的菌落，表面凹凸不平，边缘整齐。病料如接种葡萄糖胱氨酸血液琼脂，很容易形成突起、边缘整齐的菌落。该菌在鸡胚绒毛尿囊膜上也能生长，在卵黄囊中生长茂盛。最适生长温度35～37 ℃，pH 值6.8～7.2。若从动物或人体初次分离，一般培养需3～5 d。

生化特性测定时，在固体培养基和液体培养基中需加胱氨酸和马血清，PH 极恒定才能进行。本菌发酵糖及醇的能力较弱，所有菌株都能发生酵葡萄糖，产酸不产气，多数菌株发酵甘露糖和麦芽糖，不发酵乳糖、蔗糖、鼠李糖、木胶糖、半乳糖、阿拉伯糖、甘露醇和山梨醇，在含半胱氨酸的培养基中能产生 H_2S，不形成吲哚，能分解尿素，还原硫黄、美蓝、孔雀绿，不还原刚果红，过氧化氢酶阳性。

本菌对外界的抵抗力很强，在低温条件下和在水中能长时间生存，在4 ℃的水中或潮温的土壤中能存活4个月以上，且毒力不降低，在动物尸体中，低温下可存活6～9个月，在肉品和皮毛中可存活数十天，但对理化因素的抵抗力不强，在直射阳光下只能存活20～30 min，紫外线照射立即死亡，60 ℃以上高温和常用消毒剂可很快将其杀死。

四、流行病学

易感动物广泛，野生棉尾兔、水鼠、海狸鼠及其他野生动物，家畜、家禽都易感染发病，人因食用未经处理的病肉或接触污染源而感染发病。已发现有136种啮齿动物是本菌的自然储存宿主。

该病的传播媒介为吸血昆虫，共有83种节肢动物能传播该病，主要有蜱、螨、牛虻、蚊、蝇类、虱等，通过叮咬的方式将病原体从患病动物传给健康动物，被污染的饮水、饲料也是重要的传染源。

本病一年四季均可流行，一般多见于春末、夏初季节，也有在秋末冬初发病较多的报道。野生啮齿动物中常呈地方性流行，大流行见于洪水或其他自然灾害时，肉用动物中，绵羊尤其羔羊发病较为严重，损失较大。

五、临诊症状

临诊症状以体温升高、衰竭、麻痹和淋巴结肿大为主，各种动物和每个病例的症状差异较大。潜伏期为1～9 d，但以1～3 d为多。

兔：一些病例常不表现明显症状而迅速死亡，大部分病例病程较长，呈高度消瘦和衰竭体表淋巴结肿大，常发生鼻炎，体温升高1～1.5 ℃。

绵羊和山羊：自然发病绵羊较多，病程1～2周，病羊体温升高到40.5～41 ℃，脉搏增数，呼吸浅快，精神萎顿，垂头或卧地，后肢软弱或瘫痪，体表淋巴结肿大，2～3 d后体温降至正常，但随后又常回升，一般经8～15天痊愈。妊娠母羊常发生流产和产死胎。羔羊发病较为严重，黏膜苍白、腹泻、麻痹、兴奋或昏睡，不久死亡。

牛：症状不明显，妊娠母牛常发生流产，犊牛发病呈全身虚弱、腹泻、体温升高、多为慢性经过。

马、驴：症状轻重不一，一些病例没有明显症状，母畜可发生流产（孕期4～5个月的母畜多发），病驴体温升高1～2时，伴随食饮减少和消瘦。

猪：自然发病多为小猪，体温升高1～2 ℃，精神萎顿、厌食、腹式呼吸、咳嗽，病期7～10 d，死亡不多。

禽类：无特征症状

人：由于感染途径不同，有肺炎型、腺肿型、胃肠型和伤寒型，死亡率不足1%，多呈良性经过。

六、机理病理

病原侵入途径不同引起的临诊症状和病理变化存在差异，急性病例，由于病原菌很快进入血液系统，迅速发生败血症而死亡，尸僵不全，血凝不良，淋巴结肿大、出血、坏死，表面呈紫黑色，腹腔大量积液，胃肠出血。多数情况下，侵入体内的病原菌被网状内皮系统吞噬，病菌在细胞内存活很长时间，引起淋巴结肿大发生炎性反应。当机体抵抗力下降时，细菌突破网状内皮系统，侵入血液，形成菌血症，肝、脾、肾等内脏器官受侵害而充血、肿大、有时形成白色坏死灶。病程较长时，尸体极度消瘦，皮下少量脂肪呈污黄色，肌肉呈煮熟状，淋巴结显著肿大，呈深红色，肾苍白表面凹凸不平。骨髓也可见有坏死灶。

七、研究进展

苏增华等（2014）认为，国际上比较公认的可能作为生物战剂的有六类23种病原微生物及其毒素，其中野兔热也在其中。2005年8月26日莫斯科新闻网报道说，俄罗斯中部地区8月初暴发了野兔热，约近100人感染。有美国媒体猜测疫情可能是细菌武器泄露所致。这些人中主要是沙图尔斯基区的居民，其中66人系距离销毁生物武器的企业不远的捷尔任斯克市居民。因此有传闻说，此次感染是由于从旧贮藏库中泄露出生物武器而导致。

第十三节　大肠杆菌病

一、大肠杆菌病的概念及基本情况

大肠杆菌病（本病是由大肠杆菌埃氏菌的某些致病性血清型菌株引起的疾病总称），是由一定血清型的致病性大肠杆菌及其毒素引起的一种肠道传染病。一年四季均可发生，各年龄兔都易感，主要对断乳至4月龄小兔的威胁最大。

大肠埃希氏杆菌是中等大小杆菌，其大小为1～3μm氏杆菌是～0.7μm，有鞭毛，无芽胞，有的菌株可形成荚膜，革兰氏染色阴性，需氧或兼性厌氧，生化反应活泼、易于在普通培养基上增殖，适应性强。本菌对一般消毒剂敏感，对抗生素及磺胺类药等极易产生耐药性。

二、临床症状

临床症状及解剖特点以下痢为主要特征，排出黄棕色水样稀粪。急性病例一般1～2 d死亡，亚急性1周左右死亡。体温正常或偏低，腹部膨胀，敲之有击鼓声，晃之有流水声。患兔四肢发冷、磨牙、流涎。

剖检可见，肝脏肿大质脆；肺炎性水肿，有出血点；胃黏膜脱落，胃壁有大小不一的黑褐色溃疡斑；结肠、盲肠的浆膜和黏膜充血或出血，肠内充满气体和胶胨样物。有的病例肝脏和心脏有局灶性坏死病灶。

三、治疗方法

螺旋霉素，每天每千克体重 20 mg，肌肉注射；多黏菌素 E，每天每千克体重 0.5 ~ 1 mg，肌肉注射；庆大霉素，每千克体重 1 ~ 1.5 mg，肌肉注射，每天 3 次（以上三者交替应用或合用效果更好）；硫酸卡那霉素，每千克体重 5 mg，肌肉注射，每天 3 次；恩诺沙星，每千克体重 0.25 ~ 0.5 mL，肌肉注射，每天 2 次，连续 3 ~ 5 d。为了提高治疗效果，应与补液同时进行。

四、预防措施

本病与饲料和卫生有直接关系。应合理搭配饲料，保证一定的粗纤维，控制能量和蛋白水平不可太高；饲料不可突然改变，应有 7 d 左右的适应期；加强饮食卫生和环境卫生，消除蚊子、苍蝇和老鼠对饲料和饮水的污染；对于断乳小兔，饲料中可加入一定的药物，如痢特灵、喹乙醇、氟哌酸或氯霉素等；饲料中加入 0.5% ~ 1% 的微生态制剂，连用 5 ~ 7 d；对于经常发生该病的兔场，可用本场分离出的大肠杆菌制成氢氧化铝灭活苗进行预防，20 ~ 30 日龄的小兔每只注射 1 mL，可有效地控制该病的发生。

主要案例：鸡大肠杆菌病是由大肠杆菌引起的一种常见多发病。其中包括大肠杆菌性腹膜炎、输卵管炎、脐炎、滑膜炎、气囊炎、肉芽肿、眼炎等多种疾病，对养鸡业危害较大。

五、流行特点

各种年龄的鸡均可感染，但因饲养管理水平、环境卫生、防治措施的效果，有无继发其他疫病等因素的影响，本病的发病率和死亡率有较大差异。

集约化养鸡在主要疫病得到基本控制后，大肠杆菌病有明显的上升趋势，已成为危害鸡群主要细菌性疾病之一，应引起足够重视。

大肠杆菌在自然环境中，饲料、饮水、鸡的体表、孵化场、孵化器等各处普遍存在，该菌在种蛋表面、鸡蛋内、孵化过程中的死胚及毛液中分离率较高。

本病在雏鸡阶段、育成期和成年产蛋鸡均可发生，雏鸡呈急性败血症经过，火鸡则以亚急性或慢性感染为主。多数情况下，因受各种应激因素和其他疾病的影响，本病感染更为严重。成年产蛋鸡往往在开产阶段发生，死淘率增多，影响产蛋，生产性能不能充分发挥。种鸡场发生，直接影响到种蛋孵化率、出雏率，造成孵化过程中死胚和毛蛋增多，健雏率低。

本病一年四季均可发生，每年在多雨、闷热、潮湿季节多发。

大肠肝菌病在肉用仔鸡生产过程中更是常见多发病之一。

六、临床表现

鸡大肠杆菌病没有特征的临床表现，但与鸡只发病日龄、病程长短、受侵害的组织器官及部位、有无继发或混合感染有很大关系。

（1）初生雏鸡脐炎，俗称“大肚脐”。其中多数与大肠杆菌有关。病雏精神沉郁，少食或不食，腹部大，脐孔及其周围皮肤发红，水肿。此种病雏多在一周内死亡或淘汰。

另一种表现为下痢，除精神、食欲差，可见推出泥土样粪便，病雏 1 ~ 2 d 内死亡。死亡不见明显高峰。

（2）在育雏期间其中包括肉用仔鸡的大肠杆菌病，原发感染比较少较少见，多是由于继发感染和混合感染所致。尤其是当雏鸡阶段发生鸡传染性法氏囊病的过程中，或因饲养管理不当引起鸡慢性呼吸道疾病时常有本病发生。病鸡食欲下降、精神沉郁、羽毛松乱、拉稀。同时兼有其他疾病的症状。育成鸡发病情况大致相似。

（3）产蛋阶段鸡群发病，多由饲养管理粗放，环境污染严重，或正值潮湿多雨闷热季节发生。这种情况一般以原发感染为主。另外，可继发于其他疾病如鸡白痢、新城疫、传染性支气管炎、传染性喉气管炎和慢性呼吸道疾病发生的过程中。主要表现为产蛋量不高，产蛋高峰上不去，产蛋高峰维持时间短，鸡群死淘率增加。病鸡临床表现有如鸡冠萎缩、下痢、食欲下降等表现。

七、病理剖检变化

初生雏鸡脐炎死后可见脐孔周围皮肤水肿、皮下瘀血、出血、水肿，水肿液呈淡黄色或黄红色。脐孔开张，新生雏以下痢为主的病死鸡以及脐炎致死鸡均可见到卵黄没有吸收或吸收不良，卵囊充血、出血、囊内卵黄液黏稠或稀薄，多呈黄绿色。肠道呈卡他性炎症。肝脏肿大，有时见到散在的淡黄色坏死灶，肝包膜略有增厚。

与霉形体混合感染的病死鸡，多见肝脾肿大，肝包膜增厚，不透明呈黄白色，易剥脱。在肝表面形成的这种纤维素性膜有的呈局部发生，严重的整个肝表面被此膜包裹，此膜剥脱后肝呈紫褐色；心包炎，心包增厚不透明，心包积有淡黄色液体；气囊炎也是常见的变化，胸、腹等气囊囊壁增厚呈灰黄色，囊腔内有数量不等的纤维素性渗出物或干酪样物如同蛋黄。

有的病死鸡可见输卵管炎，黏膜充血，管腔内有不等量的干酪样物，严重时输卵管内积有较大块状物，输卵管壁变薄，块状物呈黄白色，切面轮层状，较干燥。有的腹腔内见有外观为灰白色的软壳蛋。

较多的成年鸡还见有卵黄性腹膜炎，腹腔中见有蛋黄液广泛地布于肠道表面。稍慢死亡的鸡腹腔内有多量纤维素样物粘在肠道和肠系膜上，腹膜发炎，腹膜发炎，腹膜粗糙，有的可见肠粘连。

大肠杆菌性肉芽肿较少见到。小肠、盲肠浆膜和肠系膜可见到肉芽肿结节，肠粘连不易分离，肝脏则表现为大小不一、数量不等的坏死灶。

其他如眼炎、滑膜炎、肺炎等只是在本病发生过程中有时可以见到。

总之，根据本病流行特点和较典型的病理变化，可以作出诊断。

八、临床诊断

用实验室病原检验方法，排除其他病原感染（病毒、细菌、枝原体等），经鉴定为致病性血清型大肠杆菌，方可认为是原发性大肠杆菌病；在其他原发性疾病中分离出大肠杆菌时，应视为继发性大肠杆菌病。

九、防治方法

鉴于该病的发生与外界各种应激因素有关，预防本病首先是在平时加强对鸡群的饲养管理，逐步改善鸡舍的通风条件，认真落实鸡场兽医卫生防疫措施。种鸡场应加强种蛋收集、存放和整个孵化过程的卫生消毒管理。另外，应搞好常见多发疾病的预防工作。所有这些对预防本病发生均有重要意义。

鸡群发病后可用药物进行防治。在防治本病过程中发现，大肠杆菌对药物极易产生抗药性，如青霉素、链霉素、土霉素、四环素等抗生素几乎没有治疗作用。氯霉素、庆大霉素、氟哌酸、新霉素有较好的治疗效果。但对这些药物产生抗药性的菌株已经出现且有增多趋势。因此防治本病时，有条件的地方应进行药敏试验选择敏感药物，或选用本场过去少用的药物进行全群给药，可收到满意效果。早期投药可控制早期感染的病鸡，促使痊愈。同时可防止新发病例的出现。鸡已患病，体内已造成上述多种病理变化的病鸡治疗效果极差。

本病发生普遍，各种年龄的鸡均可发病，药物治疗效果逐渐降低而且又增加了养鸡的成本。国内已试制了大肠杆菌死疫苗，有鸡大肠杆菌多价氢氧化铝苗和多价油佐剂苗，经现场应用取得了较好的防治效果。由于大肠杆菌血清型较多，制苗菌株应该采自本地区发病鸡群的多个毒株，或本场分离菌株制成自家苗使用效果较好。种鸡在开产前接种疫苗后，在整个产蛋周期内大肠杆菌病明显减少，种蛋受精率、孵化率，健雏率有所提高，减少了雏鸡阶段本病的发生。

在给成年鸡注射大肠杆菌油佐剂苗时，注苗后鸡群有程度不同的注苗反应，主要表现精神不好，喜卧，吃食减少等。一般 1 ~ 2 d 后逐渐消失，无须进行任何处理。因此应在开产前注苗较为合适。开产后注苗往往会影响产蛋。

十、预防指南

（一）优化环境

选好场址和隔离饲养：场址应建立在地势高燥、水源充足、水质良好、排水方便、远离居民区（最少 500 m)，特别要远离其他禽场，屠宰或畜产加工厂。生产区与生产区及经营管理区分开，饲料加工、种鸡、育雏、育成鸡场及孵化厅分开（相隔 500 m)。

科学饲养管理：禽舍温度、湿度、密度、光照、饲料和管理均应按规定要求进行。

搞好禽舍空气净化：降低鸡舍内氨气等有害气体的产生和积聚是养鸡场必须采取的一项非常重要的措施。常用方法如下：①饲料内添加复合酶制剂：如使用含有 β-葡聚糖的复合酶，每吨饲料可按 1 kg 添加，可长期使用。②饲料内添加有机酸：如延胡索酸、柠檬酸、乳酸、乙酸及丙醇等。③使用微生态制剂：A：可赛优；B：EM 制剂，国产商品名称为“亿安”。④药物喷雾：A. 过氧乙酸，常规方法是用 0.3% 过氧乙酸，按 30 mL/m^3 喷雾，每周 1 ~ 2 次，对发病鸡舍每天 1 ~ 2 次。B. 多聚甲醛：在 25 m^2 垫料中加入 4.5 kg 多聚甲醛，它可和空气中氨中和，氨浓度很快下降，但 21 d 后又回升因此应重新使用。⑤惠康宝使用：该制剂是由丝兰科植物茎部提取物，主要成分是沙皂素。⑥寡聚糖又称寡糖，A. 糖萜素，使用方法，蛋鸡（鸭）400 素，使用方（配以 25% 大蒜素 50% 素使用），肉仔鸡 400 ~ 450 仔鸡使用方，猪 300 ~ 350 仔鸡使用方拌料。B. 飞尔达 2000，使用添加剂 0.1%（抖料或饮水），发病群（如 MD、ND、IB、IBD、AI）等增加 0.2% ~ 0.5%，连用 3 ~ 5 d 后，再按 0.1% 添加使用。C. 速达菌毒清，使用方法：肉仔鸡保健程序，1　10 日龄、21　30 日龄、31 ~ 40 日龄及 41 ~ 50 日龄各阶段饮用 4 ~ 5 d，每毫升速达菌毒清加水 1 kg 饮用。蛋鸡保健程序，每隔 10 d 饮水 4 d，其他同上。⑦机械清除：及时清粪，并堆积密封发酵，及时通风换气。⑧重视环境治理，饲养场地绿化，种草植树。

（二）加强消毒

种蛋，孵化室及禽舍内外环境要搞好清洁卫生，并按消毒程序进行消毒，以减少种蛋、孵化和雏鸡感染大肠杆菌及其传播。

防止水源和饲料污染：可使用颗粒饲料，饮水中应加酸化剂（唬利灵）或消毒剂，如含氯或含碘等消毒剂；采用乳头饮水器饮水，水槽料槽每天应清洗消毒。

灭鼠、驱虫。

禽舍带鸡消毒有降尘、杀菌、降温及中和有害气体作用。

（三）加强种鸡管理

及时淘汰处理病鸡。

进行定期预防性投药和做好病毒病、细菌病免疫。

采精、输精严格消毒，每鸡使用一个消毒的输精管。

（四）提高禽体免疫力和抗病力

疫苗免疫：可采用自家（或优势菌株）多价灭活佐剂苗。一般免疫程序为 7 ~ 15 日龄，25 ~ 35 日龄，120 ~ 140 日龄各一次。

使用免疫促进剂：首选乳化维生素 ADE，左旋咪唑 200×10^{-6}。Vc（高稳西为微囊化 Vc）按 0.2% ~ 0.5% 拌饲或饮水；VA1.6 ~ 2 万 u/kg 饲料拌饲；加强维他旺多维按 0.1% 饮水连用 3 ~ 5 d。

亿妙灵：可以用于细菌或细菌病毒混合感染的治疗，提高疫苗接种免疫效果，对抗免疫抑制和协同抗菌素的治疗。使用方法，预防：1∶2 000 倍，治疗：1 000 倍，加水稀释，每天 1 次，1 h 时内饮完，连用 3 d（预防）及 5 d（治疗）。

搞好其他常见病毒病的免疫：如 ND、IB、IBD、MD 及 AI 等。

控制好支原体，传染性鼻炎等细菌病，可做好疫苗免疫和药物预防。

（五）药物防治

应选择敏感药物在发病日龄前 1 ~ 2 d 进行预防性投药，或发病后作紧急治。

（1）抗生素

青霉素类

氨苄青霉素（氨苄西林）：按 0.2 g/L 饮水或按（5 ~ 10）mg/kg 拌料内服。

阿莫西林：按 0.2 g/L 饮水。

头孢菌素类

头孢菌素类是以冠头孢菌培养得到的头孢菌素作原料，经半合成改造其侧链而得到的一类抗生素，常用的有 20 种，按其发明年代的先后和抗菌性能不同而分为 1 ~4 代。

第三代有头孢噻肟钠（头孢氨噻肟），头孢曲松钠（头孢三嗪），头孢呱酮纳（头孢氧哌唑或先锋必），头孢他啶（头孢羧甲噻肟、复达欣），头孢唑肟（头孢去甲噻肟），头孢克肟（世伏素，FK207），头孢甲肟（倍司特 g），头孢木诺纳、拉氧头孢钠（羟羧氧酰胺菌素、拉他头孢）。先锋必 1 g/10L 水，饮水，连用 3 天，首次为 1 g/7L 水。八仙宝：0.5 g/L 水，连用 3 d，首次为 1 g/7L 水。

氨基糖苷类

庆大霉素：(2 万 ~4 万）u/L 饮水。

卡那霉素：2 万 u/L 饮水或 1 万 ~2 万 u/kg 肌注，每日一次，连用 3 d。

硫酸新霉素：0.05% 饮水或 0.02% 拌饲。

链霉素：30 ~ 120 mg/kg 饮水，13 ~55 g/吨拌饲，连用 3 ~5 d。

四环素类

土霉类：按 0.1% ~0.6% 拌饲或 0.04% 饮水，连用 3 ~5 d。

强力霉素：0.05% ~0.2% 拌饲，连用 3 ~5 d。

四环素：0.03% ~0.05% 拌饲，连用 3 ~5 d。

酰胺醇类

氯霉素：按0.1%～0.2%拌饲，连用3～5 d或按40 mg/kg肌注。

甲砜霉素：按0.01%～0.02%拌饲，连用3～5 d。

大环内脂类

红霉素：50～100 g/吨拌饲，连用3～5 d。

泰乐菌素：0.2%～0.5%拌饲，连用3～5 d。

泰妙菌素：125～250 g/吨饲料，连用3～5 d。

（2）合成抗菌药

磺胺类

磺胺嘧啶（SD）：0.2%拌饲，0.1%～0.2%饮水，连用3 d。

磺胺喹恶啉（SQ）：0.05%～0.1%拌饲，0.025%～0.05%饮水，连用2～3 d，停2 d，再用3 d。

硝基呋喃类

呋喃唑酮：0.03%～0.04%混饲，0.01%～0.03%饮水，连用3～5 d，一般不超过7 d。

喹诺酮类

环丙沙星、恩诺沙星、洛美沙星、氧氟沙星等，预防量为25预防量为1，治疗量50疗量量为1，连用3～5 d。

抗感染植物药（中草药）

黄连、黄岑、黄柏、秦皮、双花、白头翁、大青叶、板兰根、穿心莲、大蒜、鱼腥草。

（六）病因研究

（1）病原学

根据抗原结构不同，已知大肠杆菌有菌体（O）抗原170种，表面（K）抗原近103种，鞭毛（H）抗原60种，因而构成了许多血清型。最近，菌毛抗原被用于血清学鉴定，最常见的血清型K88，K99，分别命名为F4和F5型。在引起人畜肠道疾病的血清型中，有肠致病性大肠杆菌（简称EPEC）、肠毒素性大肠杆菌（简称ETEC）和肠侵袭性大肠杆菌（间称EIEC）等之分，多数肠毒素性大肠杆菌都带有F抗原。在170种“70型抗原血清型中约1/2左右对禽有致病性，但最多的是O1、O2、O78、O35四个血清型。大肠杆菌能分解葡萄糖、麦芽糖、甘露醇、木糖、甘油、鼠李糖、山梨醇和阿拉伯糖，产酸和产气。多数菌株能发酵乳糖，有部分菌株发酵蔗糖。产生靛基质。不分解糊精、淀粉、肌醇和尿素。不产生硫化氢不液化明胶、V ~ P 试验阴性，M. R 试验阳性。

（2）流行病学

大肠杆菌是人和动物肠道等处的常在菌，在 1 g 粪便中约含有 106 个菌。该菌在饮水中出现被认为是粪便污染的指标。禽大肠杆菌在鸡场普遍存在，特别是通风不良，大量积粪鸡舍，在垫料、空气尘埃、污染用具和道路，粪场及孵化厅等处环境中染菌最高。

大肠杆菌随粪便排出，并可污染蛋壳或从感染的卵巢、输卵管等处侵入卵内，在孵育过程中，使禽胚死亡或出壳发病和带菌，是该病传播过程中重要途径。带菌禽以水平方式传染健康禽，消化道、呼吸道为常见的传染门户，交配或污染的输精管等也可经生殖道造成传染。啮齿动物的粪便常含有致病性大肠杆菌，可污染饲料、饮水而造成传染。

本病主要发生密集化养禽场，各种禽类不分品种性别、日龄均对本菌易感。特别幼龄禽类发病最多，如污秽、拥挤、潮湿通风不良的环境，过冷过热或温差很大的气候，有毒有害气体（氨气或硫化氢等）长期存在，饲养管理失调，营养不良（特别维生素的缺乏）以及病原微生物（如支原体及病毒）感染所造成的应激等均可促进本病的发生。

十一、研究进展

郭永刚等（2016）认为根据中兽医的辨证论治理论鸡大肠杆菌病是由病菌内侵、肺胃热盛、血淤气滞引起，因此适合应用清热解毒、凉血、燥湿药物。试验所用复方制剂中还加入抗病毒作用的中草药，在治疗大肠杆菌病的同时控制病毒病的并发与继发感染。

第十四节　类鼻疽

一、类鼻疽概念及基本情况

类鼻疽是由类鼻疽伯克霍尔德菌引起的人类与动物的共患疾病。临床表现多样化，可为急性或慢性，局部或全身，有症状或无症状。大多伴有多处化脓性病灶。主要见于热带地区，流行于东南亚地区。人主要是通过接触含有致病菌的水和土壤，经破损的皮肤而受感染。人群对类鼻疽杆菌普遍易感。本病潜伏期一般为4～5 d，但也有感染后数月、数年，甚至有长达20年后发病，即所谓“潜伏型类鼻疽”，此类病例常因外伤或其他疾病而诱发。

英文名称：melioidosis。

就诊科室：内科。

常见病因：类鼻疽伯克霍尔德菌。

常见症状：皮肤结节，发热，全身不适，嗽，胸痛，呼吸急促等。

传染性：有。

传播途径：接触含菌的水、土壤和污染物。

败血症的预防措施：易患败血症的高危患者一旦出现败血症征象或疑似病情时要积极检查果断处理。

二、病　因

本病病原体为类鼻疽伯克霍尔德菌（Burkholderia pseudomallei），一般为散发，也可呈暴发流行。

（一）传染源

流行区的水和土壤常含有该菌。细菌可在外界环境中自然生长，不需任何动物作为贮存宿主。该菌可使多种动物感染甚至致病，但并不是主要传染源，人之间传播罕见。

（二）传播途径

人接触含菌的水和土壤，经破损的皮肤而感染。食入、鼻孔滴入或吸入病菌污染物也可致病。一般不会发生节肢动物源性感染。

（三）易感人群

人普遍易感。新近进入疫区，糖尿病、酒精中毒、脾切除、艾滋病病毒感染等为易感因素。

三、临床表现

本病潜伏期为4～5 d，也有长达数月或数年者。临床表现多样化，与鼻疽极为相似。该病可分为隐匿性感染、无症状肺浸润、急性局部化脓性感染、急性肺部感染、急性败血症、慢性化脓性感染和复发性感染 7 种类型。

（一）局部化脓性感染

表现为皮肤破损处结节形成，引流区淋巴结肿大和淋巴管炎，常伴发热和全身不适，可很快发展为急性败血症。

（二）急性肺部感染

是类鼻疽最常见的感染类型，可为原发性或血流播散性肺炎，除有高热、寒战外，尚有咳嗽、胸痛、呼吸急促等，且症状与胸部体征不成比例。肺部炎症多见于上叶，呈实变，并常有薄壁空洞形成，易误诊为结核病，此型也可发展为败血症。

（三）急性败血症

可为原发，也可为继发，为类鼻疽最严重的临床类型。起病突然、脓毒血症症状显著，常迅速出现多器官累及所引起的表现，如肺部累及，可出现呼吸困难、双肺湿啰音。

（四）中枢神经系统感染

累及时可出现脑炎或脑膜炎的相应症状和体征。部分患者因病情迅速进展以至来不及抢救而死亡。

（五）慢性化脓性感染

主要表现为多发脓肿，可累及多个组织或器官，患者也可以不发热。复发性感染可表现为急性局部化脓性感染、急性肺部感染、急性败血症或慢性化脓性感染。外科手术、外伤、酗酒、放射治疗等常为复发的诱因。

四、检　查

（一）外周血象

大多有贫血。急性期白细胞总数增高，以中性粒细胞增加为主。但白细胞计数也可在正常范围内。

（二）病原学检查

渗出物、脓液等做涂片（亚甲蓝染色）和培养，悬滴试验可观察到，可用以与马鼻疽伯克菌区别。

（三）血清学检查

主要有间接血凝试验和补体结合试验两种。前者出现较早，但特异性较差。动态观察抗体效价有4倍以上升高者有诊断价值；单次效价前者在1∶80以上，后者在1∶8以上，也有一定的参考价值。把现已分离到的菌株特异性抗原用于间接酶联免疫吸附试验，灵敏性和特异性均较高。

（四）分子生物学检测

针对类鼻疽伯克菌的bimA（Bm）基因设计特异性引物，可用于快速诊断，采用实时聚合酶链式反应（PCR）方法设计特异探针可据此与马鼻疽伯克菌鉴别。

五、诊　断

曾去过疫区的人若出现原因不明的发热或化脓性疾病均应考虑到该病。通过临床表现、微生物检查可作为确诊的依据。

鉴别诊断：

该病在急性期应与急性鼻疽、伤寒、疟疾、葡萄球菌败血症及肺炎等相鉴别。慢性期应与结核病、慢性期鼻疽等加以区别。

六、治　疗

治疗类鼻疽杆菌感染临床上常用的药物有青霉素、链霉素、氯霉素、四环素、庆大霉素等。有脓肿者宜作外科切开引流，对内科治疗无效的慢性病例，可采用手术切除病变组织或器官。

七、研究进展

马腾飞等（2016）认为类鼻疽伯克霍尔德菌（Burkholderia pseudomallei，

类鼻疽菌）是一种革兰阴性短杆菌，现被美国疾病预防控制中心提升为Ⅰ类致病菌严加防范。类鼻疽菌直接从环境感染人类和多种动物，且抗生素耐药严重，一旦引起败血症会有很高的死亡率。为了更好地指导类鼻疽病的临床治疗和研究类鼻疽菌的致病机制，建立类鼻疽病动物模型是必不可少的环节。

第十五节　肉芽肿性疾病

一、肉芽肿性疾病概念及基本情况

肉芽肿性疾病是由放线菌引起的慢性化脓性肉芽肿性疾病。好发于面颈部及胸腹部，以向周围组织扩展形成瘘管并排出带有硫磺样颗粒的脓液为特征。大剂量、长疗程的青霉素治疗对大多数病例有效，亦可选用四环素、红霉素、林可霉素及头孢菌素类抗生素；同时还需外科引流脓液及手术切除瘘管。此病无传染性，注意口腔卫生可预防本病。

英文名称：actinomycosis。

就诊科室：外科。

常见发病：面颈部及胸腹部。

常见病因：伊氏放线菌。

常见症状：面颈脓肿，局部板样坚硬，脓肿穿破成许多排脓窦道，排出的脓中常见“硫黄颗粒”。

二、病　因

病原菌以伊氏放线菌最为常见。这些病原菌为厌氧菌或微需氧，常是人体中的一个正常菌丛，特别是口腔中常可见到。如有外伤，外科手术后即可发生感染。感染后常合并细菌感染，损害由中心逐渐通过窦道向周围蔓延，侵犯皮肤、皮下组织、肌肉、筋膜、骨骼及内脏等。可通过消化道和气管传播，极少数是通过血行播散。

三、临床表现

（一）面颈部放线菌病

最常见，可先在口内寄生而发病。病原菌可由龋齿或牙周脓肿、扁桃体病灶等处入侵，好发于面颈交界部，表面皮色暗红或棕红，以后形成脓肿，局部板样坚硬，脓肿穿破成许多排脓窦道，排出的脓中常见“硫黄颗粒”。病变可扩展至颅、颈、肩和胸等处，波及咀嚼肌时可致牙关紧闭，后期可致其下方骨膜炎及骨髓炎。

（二）腹部放线菌病

病原菌由口腔吞食侵入肠黏膜而致病，也可由胸部病变直接波及。好发于回盲部，如急性、亚急性或慢性阑尾炎表现，局部肿块板样硬度，后则穿破腹壁成瘘，脓中可见“硫磺颗粒”，可伴发热、盗汗、乏力、消瘦等全身症状，也可波及腹部其他脏器，如胃、肝、肾等，或波及脊椎、卵巢、膀胱、胸腔，或血行播散侵及中枢神经系统。

（三）胸部放线菌病

病原菌经呼吸道进入肺而致病，亦可由相邻部放线菌病直接波及，常侵犯肺门或肺底，呈急性或慢性感染表现，如不规则发热、胸痛、咳嗽、咳痰带血、盗汗、消瘦等。波及胸膜可致胸膜炎、脓胸，可形成排脓瘘管，脓中有“硫黄颗粒”，X线显示肺叶实变，其中可有透亮区，可伴胸膜黏连和胸腔积液，亦可波及心包致心包炎。

（四）脑型放线菌病

（1）局限型

包括厚壁脓肿及肉芽肿等，多见于大脑，亦可累及第三脑室、颅后窝等处，引起颅压升高。脑神经受累可致头痛、恶心、呕吐、复视、视盘出血等。

（2）弥漫型

呈单纯脑膜炎或脑脓肿，也可呈硬膜外脓肿、颅骨骨髓炎等。

（五）皮肤型放线菌病

由皮肤直接接触病原菌而致病，可位于躯体各部位。初起为皮下结节，软化后破溃成窦道，可向四周扩展，呈卫星状皮下结节。破后成瘘管，脓中有“硫黄颗粒”。病呈慢性。亦可侵入深部组织，局部因纤维化、瘢痕形成而变得很硬。

四、检　查

（一）病原菌检查

（1）直接镜检

颗粒压片革兰染色，可见蓝色菌丝团块及棒状体。脓液涂片也可能找到细小且短的分枝样菌丝，抗酸染色阴性。注意奴卡菌抗酸染色为阳性，链丝菌有孢子。

（2）培养

较困难，颗粒必须多次用无菌盐水洗涤，以除去细菌，然后用消毒玻璃棒压碎，划线接种于脑心浸液血琼脂上，至 CO_2 厌氧菌缸中，37 ℃方可。

（二）组织病理

早期局部有白细胞浸润，形成小脓肿，穿破形成窦道，各窦道可互通。体内筋膜、胸膜、横膈、骨骼等均不能阻止其发展。化脓区附近可有慢性肉芽组织增生，可有淋巴样细胞、浆细胞、组织细胞及成纤维细胞等浸润，局部组织还可呈玻璃样变性，致硬板样，脓肿内可见“硫黄颗粒”，HE 染色中央呈均质性，周围有栅栏状短棒样细胞。

五、诊　断

典型临床表现，影像学特殊表现，脓液中找到“硫黄颗粒”，诊断不难。此外还可结合病原学检查和组织病理进一步确诊。

六、治　疗

（一）全身治疗

大剂量、长程青霉素治疗对本病有效，肌注或静滴，其他如林可霉素、四环素、氯霉素、链霉素、磺胺类、利福平等亦有一定疗效。多烯类和唑类等抗真菌制剂对本病无效。

（二）局部治疗

所有浅部病灶及窦道脓肿等均应切除或切开引流。

七、研究进展

鲁君等（2016）认为脑泡型包虫病是由棘球蚴寄生于脑内不断刺激形成的肉芽肿，与其他颅内肉芽肿形成机制基本一致，均是致炎因子在颅内形成的慢性炎症结节性病变。其与颅外炎症的致炎因子虽然相同，但由于血脑屏障的存在及病变生长的部位及环境不同，故颅内肉芽肿与颅外炎症的病理过程不同。颅内肉芽肿 MRI 表现虽然在部位、边界、灶周水肿及强化形态方面具有一定的特征，但在病灶的数目、形状、磁共振的信号特点上均缺乏特异性。磁共振灌注成像通过外源性团注造影剂或标记动脉血可从不同方面定量地获取组织微血管增生及血管灌注的相关参数及信息。

第十六节　肝片吸虫病

一、肝片吸虫病的概念及基本情况

肝片吸虫病也叫肝蛭病、掉水腮，是由肝片吸虫寄生在肝管内，导致动物精神不振、食欲减退、贫血、消瘦、眼险、下颌、胸前、腹下水肿为特征的症状。

别称：肝片吸虫病。

英文名称：fascioliasis hepatica。

常见症状：精神不振，食欲减退。

也叫：肝蛭病。

肝片吸虫引起的一种人畜共患的寄生虫病。临床上以发热、贫血、肝脏肿大及末梢血嗜酸性粒细胞明显增多为特征。本病遍及世界各地，牧区的家畜发病率较高，牛、山羊、绵羊、马、骆驼等易感染。人因生吃带囊蚴的水生植物、含嚼水草或饮用含囊蚴的河水偶被感染，多为散发。法国、英国、苏联、古巴等国报道的病例较多。据 WHO 1979 年的资料记载，秘鲁某些村庄中 15

岁以下儿童的感染率达 4.5% ~34%，马拉维个别地区的感染率为 2.4%。从 1954—1978 年国内报道只有 9 例，近年来，很少见到报道。

二、病状体征

本病的潜伏期为 2 ~3 个月，病程分急性期与慢性期。急性期一般持续3 ~4 个月，此时童虫在肝脏内移行并以肝细胞为食，引起损伤性肝炎，病人表现畏冷、发热、出汗及右上腹疼痛，热型多为弛张热或稽留热，多数病人感乏力、食欲不振、腹胀，末梢血中嗜酸性粒细胞明显增多。部分病人体重减轻或有荨麻疹。肝脏轻度或中度肿大，中等硬度，轻压痛。少数病例脾脏也增大。虫体移行至胆管发育为成虫时，病程转入慢性期。成虫食胆管内壁组织。成虫的机械性刺激及其产生的脯氨酸可引起胆管扩张和胆管上皮细胞增生，常合并胆管炎、胆石症或胆管堵塞。病人表现肝区疼痛、黄疸、贫血和肝功能异常。少数虫体可经体循环窜至皮下、胸腔或脑部、眼眶等处寄生，形成嗜酸粒细胞性脓肿或纤维增生，引起相应的症状和体征，但虫体在这些部位不能发育成熟。

早期病人的粪便及胆汁中无虫卵，诊断主要依据临床表现。皮内试验及血清免疫学检查等，也有助于诊断。从后期病人的粪便或胆汁中检出虫卵即可确诊，应注意与姜片虫卵鉴别。硫双二氯酚、六氯对二甲苯及吡喹酮治疗有效。预防在于加强卫生宣教，不生吃水生植物，不含嚼水草。加强牛、羊等家畜的管理，及时治疗病畜。

三、防治措施

由肝片吸虫寄生于动物肝胆管内引起的寄生虫病。主要为牛、羊等家畜感染，偶可感染人类，表现发热、肝区疼痛、肝脏肿大并有压痛、末梢血液酸性粒细胞明显增多等临床征象。中间宿主为椎实螺，尾蚴在水草或水生植物上形成囊蚴，人们在口含或进食这些植物时受感染。皮试与血清免疫学反应对早期诊断有一定价值，后期患者粪便及胆汁中可找到虫卵。硫双二氯酚治疗有效。

定期驱虫，每年进行 1 ~2 次。

羊的粪便要堆积发酵后再使用，以杀虫卵。

消灭中间宿生椎实螺，并尽量不到沼泽、低洼地区放牧。

预防和治疗可用丙硫苯咪唑（抗蠕敏）、左旋咪哩、硫双二氯酚（别丁）、敌百虫、硝氯酚等药物。

四、相关信息

肝片吸虫属吸虫纲，复殖目，片虫科。成虫体扁平，小树叶状（见图），略带棕红色，是最大的吸虫之一，长 30～40 mm，宽 10～15 mm。雌、雄同体，前端突出称为头锥，顶端有口吸盘，下方为腹吸盘。卵为人体寄生虫卵中最大者，椭圆形，淡黄褐色，似姜片虫卵，随寄主粪便排出体外，于适宜温度下经 10 多天在水中孵出毛蚴。毛蚴钻入中间寄主椎实螺科动物体内，经约 30 天的发育，最后产生许多尾蚴。尾蚴自螺体逸出，在水生植物或浅水面上形成囊蚴（后尾蚴）。若囊蚴被牛、羊或人吞食，后尾蚴在寄主小肠内脱囊而出，穿过肠壁钻入肝脏，并定居于肝胆管内，发育成熟并产卵。自吞食囊蚴至虫体发育成熟产卵，需 3～4 个月。成虫在寄主体内可存活 11～12 年。

五、研究进展

张吉丽等（2016 年）认为据统计，全球有 240 万～1 700 万人感染肝片吸虫病，给人类生活造成了严重影响；超过 2.5 亿～ 3.0 亿牛、羊感染肝片吸虫，使畜产品的产量大大降低，造成了巨大经济损失。伊朗调查显示，区域研究中估计每年屠宰的羊、山羊和牛有 7 505 只被感染，每年的经济损失在 41 784美元。

第十七节　丝虫病

一、丝虫病概念及基本情况

丝虫病是指丝虫寄生在淋巴组织、皮下组织或浆膜腔所致的寄生虫病。我国只有班克鲁夫丝虫（班氏）和马来布鲁丝虫（马来丝虫）。本病由吸血昆虫传播。丝虫病的症状体征因丝虫寄生部位不同而异。早期主要表现为淋巴管炎和淋巴结炎，晚期则出现淋巴管阻塞所引起的一系列症状和体征。诊断主要靠在血液或皮肤组织内检出微丝蚴。预防方法为消灭传染媒介，加强个人防护，治疗患者及感染者，全民服药以消灭传染源。

英文名称：filariasis。

就诊科室：传染科。

常见症状：淋巴管炎，淋巴结炎。

传染性：有。

传播途径：吸血昆虫传播。

二、病　因

丝虫属线虫纲，丝虫目，盖头虫科。体细长如丝。丝虫病流行于亚洲、非洲及大洋洲，在中国仅见班氏丝虫病及马来丝虫病。我国流行区为山东、河南、江苏、浙江、福建、江西、广东、广西、四川、贵州等地。传染源为血中含微丝蚴的早期患者及无症状的带虫者（微丝蚴血症者）。传播媒介为4属30余种蚊如中华按蚊、微小按蚊、淡色库蚊和致倦库蚊。人是唯一的终寄主，普遍易感。

三、临床表现

（一）急性丝虫病

淋巴管炎、淋巴结炎及丹毒样皮炎等淋巴管炎的特征为逆行性，发作时可见皮下一条红线离心性地发展，俗称“流火”或“红线”。上下肢均可发生，但以下肢为多见。当炎症波及皮肤浅表微细淋巴管时，局部皮肤出现弥漫性红肿，表面光亮，有压痛及灼热感，即为丹毒样皮炎，病变部位多见于小腿中下部。

精索炎、附睾炎或睾丸炎在班氏丝虫，如果成虫寄生于阴囊内淋巴管中，可引丝虫病起精索炎、附睾炎或睾丸炎。

丝虫热周期性打寒战，高热，持续2天至1周消退。部分患者仅低热但无寒战，在屡次发作后，局部症状才渐渐显露。

（二）慢性丝虫病

慢性期阻塞性病变由于阻塞部位不同，患者产生的临床表现也因之而异：包括淋巴水肿和象皮肿、睾丸鞘膜积液、乳糜尿等。

除上述病变外，女性乳房的丝虫结节在流行区并不少见。此外，丝虫还偶可引起眼部丝虫病，脾、胸、背、颈、臂等部位的丝虫性肉芽肿，丝虫性心包炎、乳糜胸腔积液，乳糜血痰，以及骨髓内微丝蚴症等。

（三）隐性丝虫病

临床表现为夜间发作性哮喘或咳嗽，伴疲乏和低热。

四、检　查

分为病原学诊断和血清学诊断。前者包括从外周血液、乳糜尿、抽出液中查微丝蚴和成虫；后者为检测血清中的丝虫抗体和抗原。

（一）病原学检查

血检微丝蚴，由于有夜现周期性，取血时间以晚上 9 时至次日凌晨 2 时为宜。

夜间采血检查微丝蚴阳性。

成虫检查在尿、鞘膜积液、淋巴液、腹水、乳糜尿查见微丝蚴，在淋巴管、淋巴结内查见成虫，或在病理组织切片中查见丝虫断面。

（二）血清学检查

快速免疫色谱试验检测班氏丝虫抗原阳性或酶联免疫检测丝虫特异性抗体 IgG 阳性。

五、诊　断

符合流行病学史，具有典型的临床表现，同时血清学或病原学检查阳性即可诊断。

六、治　疗

（一）病原治疗

治疗药物主要是海群生（又名乙胺嗪）。海群生对两种丝虫均有杀灭作用，对马来丝虫的疗效优于班氏丝虫，对微丝蚴的作用优于成虫。国内海群生的常用疗法为7日疗法治疗班氏丝虫病；4日疗法治疗马来丝虫病。患者服药后可因大量微丝蚴的死亡而引起变态反应，出现发热、寒战、头痛等症状，应及时处理。为了减少海群生的副作用，现在防治工作中广泛采用了海群生药盐，食用半年，可使中、低度流行区的微丝蚴阳性率至1%以下，且副作用轻微。

阿苯达唑，每日两次，可杀死成虫，但对微丝蚴无直接作用。

近年，我国研制成功抗丝虫新药呋喃嘧酮，对微丝蚴与成虫均有杀灭作用，对两种丝虫均有良好效果。对班氏丝虫病的疗效优于海群生。

（二）对症治疗

对急性淋巴结炎，受累部位给予局部护理，如足部护理，清洗感染部位，及时给予抗菌药物治疗，足部每天涂抹抗真菌药膏。对象皮肿患者除给予海群生杀虫外，还可结合中医中药及桑叶注射液加绑扎疗法或烘绑疗法。对阴囊象皮肿及鞘膜积液患者，可用鞘膜翻转术外科手术治疗。对乳糜尿患者，轻者经休息可自愈；也可用1%硝酸银肾盂冲洗治疗。严重者以显微外科手术作淋巴管-血管吻合术治疗，可取得较好疗效。

七、预　后

一旦患了本病，早期足量足疗程的海群生治疗常能治愈。晚期病例难以迅速奏效，单靠杀虫药治疗是不够的，还要配合其他辅助疗法。必要时还可施行手术治疗，但手术效果往往不一定理想。反复多疗程的海群生治疗仍可望治愈。

八、预　防

（一）普查普治

及早发现患者和带虫者，及时治愈，既保证人民健康，又减少和杜绝传染源。

（二）防蚊灭蚊

（三）流行病学监测

加强对已达基本消灭丝虫病指标地区的流行病学监测，在监测工作中应注意：①对原阳性患者复查复治，发现患者及时治疗直至转阴。②加强对血检阳性户的蚊媒监测，发现感染蚊，即以感染蚊户为中心，向周围人群扩大查血和灭蚊，以清除疫点，防止继续传播。

九、研究进展

何战英等（2016 年）认为 2012—2015 年，北京市医疗机构共报告 5 例临床诊断为罗阿丝虫感染病例，输入地为尼日利亚、喀麦隆、刚果（布）、加蓬。5 例患者均有嗜酸性粒细胞增多，其中 3 例仅有游走性肿块，1 例有眼部症状和皮肤瘙痒，1 例有游走性肿块和结膜下虫体移行感。随着国际交往的日益频繁，势必导致该病输入人数增加。罗阿丝虫病确诊困难，应增强临床医生根据流行病学史和典型症状（游走性肿块和虫体在眼睑或球结膜下移行）诊断病例的意识。

第十八节 禽结核病

一、禽结核病概念及基本情况

禽结核病（Avian Tuberculosis）是由禽结核杆菌引起的一种慢性传染病。特征是引起鸡组织器官形成肉芽肿和干酪样钙化结节。

中文名：禽结核病。

外文名：Avian Tuberculosis。

引起病菌：禽结核杆菌。

类型：慢性接触性传染病。

传染性：有。

二、病原学

禽结核杆菌属于抗酸菌类，普遍呈杆状，两端钝圆，也可见到棍棒样的、弯曲的和钩形的菌体，形成芽胞和荚膜，无运动力。结核菌为专性需氧菌，对营养要求严格。最适生长温度为 39 ~45 ℃，最适 pH 值 6. 8 ~7. 2。生长速度缓慢，一般需要 1 ~2 周才开始生长，3 ~4 周方能旺盛发育。病菌对外界环境的抵抗力很强，在干燥的分泌物中能够数月不死。在土壤和粪便中的病菌能够生存7～12个月，有的试验报告甚至长达4年以上。本菌细胞壁中含有大量脂类，对外界因素的抵抗力强，特别对干燥的抵抗力尤为强大；对热、紫外线较敏感，60℃ 30 min死亡；对化学消毒药物抵抗力较强，对低浓度的结晶紫和孔雀绿有抵抗力，因此分离本菌时可用2%～4%的氢氧化钠、3%的盐酸或6%硫酸处理病料，在培养基内加孔雀绿等染料以抑制杂菌生长。

在一般培养基中每分裂1代需时18～24 h，营养丰富时只需5 h。

三、流行病学

所有的鸟类都可被分枝杆菌感染，家禽中以鸡最敏感，火鸡、鸭、鹅和鸽子也都可患结核病，但都不严重，其他鸟类如麻雀、乌鸦、孔雀和猫头鹰等也曾有结核病的报道，但是一般少见。各品种的不同年龄的家禽都可以感染，因为禽结核病的病程发展缓慢，早期无明显的临床症状，故老龄禽中，特别是淘汰、屠宰的禽中发现多。尽管老龄禽比幼龄者严重，但在幼龄鸡中也可见到严重的开放性结核病，这种小鸡是传播强毒的重要来源。病鸡肺空洞形成，气管和肠道的溃疡性结核病变，可排出大量禽分枝杆菌，是结核病的第一传播来源。排泄物中的分枝杆菌污染周围环境，如土壤、垫草、用具、禽舍以及饲料、水，被健康鸡摄食后，即可发生感染。卵巢和产道的结核病变，也可使鸡蛋带菌，因此，在本病传播上也有一定作用。其他环境条件，如鸡群的饲养管理、密闭式鸡舍、气候、运输工具等也可促进本病的发生和发展。

结核病的传染途径主要是经呼吸道和消化道传染。前者由于病禽咳嗽、喷嚏，将分泌物中的分枝杆菌散布于空气，或造成气溶胶，使分枝杆菌在空中飞散而造成空气感染或叫飞沫传染。后者则是病禽的分泌物、粪便污染饲料、水，被健康禽吃进而引起传染。污染受精蛋可使鸡胚传染。此外还可发生皮肤伤口传染。病禽与其他哺乳动物一起饲养，也可传给其他哺乳动物，如牛、猪、羊等。野禽患病后可把结核病传播给健康家禽。

四、临床症状

人工感染鸡出现可见临床症状，要在2～3周以后，自然感染的鸡，开始感染的时间不好确定，故结核病的潜伏期就不能确定，但多数人认为在两个月以上。

本病的病情发展很慢，早期感染看不到明显的症状。待病情进一步发展，可见到病鸡不活泼、易疲劳、精神沉郁。虽然食欲正常，但病鸡出现明显的进行性的体重减轻。全身肌肉萎缩，胸肌最明显，胸骨突出，变形如刀，脂肪消失。病鸡羽毛粗糙，蓬松零乱，鸡冠、肉髯苍白，严重贫血。病鸡的体温正常或偏高。若有肠结核或有肠道溃疡病变，可见到粪便稀，或明显的下痢，或时好时坏，长期消瘦，最后衰竭而死。

患有关节炎或骨髓结核的病鸡，可见有跛行，一侧翅膀下垂。肝脏受到侵害时，可见有黄疸。脑膜结核可见有呕吐、兴奋、抑制等神经症状。淋巴结肿大，可用手触摸到。肺结核病时病禽咳嗽、呼吸粗、次数增加。

五、病理变化

病变的主要特征是在内脏器官，如肺、脾、肝、肠上出现不规则的、浅灰黄色、从针尖大到 1 cm 大小的结核结节，将结核结节切开，可见结核外面包裹一层纤维组织性的包膜，内有黄白色干酪样坏死，通常不发生钙化。有的可见胫骨骨髓结核结节。

多个发展程度不同的结节，融合成一个大结节，在外观上呈瘤样轮廓，其表面常有较小的结节，进一步发展，变为中心呈干酪样坏死，外有包膜。可取中心坏死与边缘组织交界处的材料，制成涂片，发现抗酸性染色的细菌，或经病原微生物分离和鉴定，即可确诊本病。

结核病的组织学病变主要是形成结核结节。由于禽分枝杆菌对组织的原发性损害是轻微的变质性炎，之后，在损害处周围组织充血和浆液性、浆液性纤维蛋白渗出性病变，在变质、渗出的同时或之后，就产生网状内皮组织细胞的增生，形成淋巴样细胞，上皮样细胞和朗罕氏多核巨细胞。因此结节形成初期，中心有变质性炎症，其周围被渗出物浸润，而淋巴样细胞，上皮样细胞和巨细胞则在外围部分。疾病的进一步发展，中心产生干酪样坏死，再恶化则增生的细胞也发生干酪化，结核结节也就增大。大多数结核结节的切片可见到抗酸性染色的杆菌。

六、诊　断

剖检时，发现典型的结核病变，即可做出初步诊断，进一步确诊需进行实验室诊断。

七、鉴别诊断

本病应注意与肿瘤、伤寒、霍乱相鉴别。结核病最重要的特征是在病变组织中可检出大量的抗酸杆菌，而在其他任何已知的禽病中都不出现抗酸杆菌。

八、防　制

（一）预　防

禽结核杆菌对外界环境因素有很强的抵抗力，其在土壤中可生存并保持毒力达数年之久，一个感染结核病的鸡群即使是被全部淘汰，其场舍也可能成为一个长期的传染源。因此，消灭本病的最根本措施是建立无结核病鸡群。基本方法是：①淘汰感染鸡群，废弃老场舍、老设备，在无结核病的地区建立新鸡舍；②引进无结核病的鸡群。对养禽场新引进的禽类，要重复检疫 2 ~3 次，并隔离饲养 60 d；③检测小母鸡，净化新鸡群。对全部鸡群定期进行结核检疫（可用结核菌素试验及全血凝集试验等方法），以清除传染源；④禁止使用有结核菌污染的饲料。淘汰其他患结核病的动物，消灭传染源；⑤采取严格的管理和消毒措施，限制鸡群运动范围，防止外来感染源的侵入。

此外，已有报道用疫苗预防接种来预防禽结核病，但目前还未做临床应用。

（二）治　疗

本病一旦发生，通常无治疗价值。但对价值高的珍禽类，可在严格隔离状态下进行药物治疗。可选择异烟肼（30 mg/kg）、乙二胺二丁醇（30 mg/mL）、链霉素等进行联合治疗，可使病禽临床症状减轻。建议疗程为 18 个月，一般无毒副作用。

九、研究现状

王碧等（2010）认为，目前，全球结核病发病率仍以年增长 1% 的速度继续升高。2004 年全球 9 百万新发结核病例的 80% 分布在 22 个国家和地区，每年新发病例的 1/2 分布在包括中国在内的 6 个亚洲国家和地区。而耐多药结核杆菌感染患者分布于 109 个国家和地区，年新发病例达 45 万例，给结核病的防控带来了巨大的压力。

第十九节　利什曼病

一、利什曼病概念及基本情况

利什曼病是由利什曼原虫引起的人畜共患病，可引起人类皮肤及内脏黑热病。临床特征主要表现为长期不规则的发热、脾脏肿大、贫血、消瘦、白细胞计数减少和血清球蛋白的增加，如不予合适的治疗，患者大都在得病后 1 ~2 年内因并发其他疾病而死亡。本病多发于地中海国家及热带和亚热带地区，以皮肤利什曼病这种形式最为常见。

英文名称：leishmaniasis。

就诊科室：感染科。

多发群体：儿童多见。

常见病因：利什曼原虫感染。

常见症状：长期不规则的发热、脾脏肿大、贫血、消瘦等。

传染性：有。

传播途径：白蛉、哺乳类和爬行类动物等。

二、病　因

利什曼原虫与锥虫同属一个科，即锥虫科。目前，已报道具致病性的利什曼原虫多达 16 种或亚种。利什曼原虫随着生活史的不同阶段而表现出不同的形态。按其生活史的共同特点有前鞭毛体和无鞭毛体两个时期，前鞭毛体寄生在无脊椎动物的消化道内，其宿主为白蛉。无鞭毛体寄生在脊椎动物的网状内皮细胞内，其宿主为哺乳类和爬行类动物。

前鞭毛体呈圆形或卵圆形，无游离鞭毛。虫体内有一较大的圆形核和棒状动基体，在动基体和核间可偶见空泡。前鞭毛体体形狭长，虫体卵圆形，大小为（2.9 ~5.7）μm×（1.8 ~4.0）μm，常见于巨噬细胞内。前鞭毛体运动活泼，鞭毛不停地摆动。在培养基内常以虫体前端聚集成团，排列成菊花状。经染色后，着色特性与无鞭毛体相同。

三、流行病学

内脏利什曼病或黑热病病原贮藏在家犬体内。再由犬类传给人类，成为人兽共患的传染病。在国外主要流行犬内脏利什曼病或犬黑热病的地区，与当地人类黑热病的传播有密切关系。利什曼病的传播媒介是白蛉属（东半球）和罗蛉属（西半球）的吸血昆虫。

本病的流行发生与气候环境关系密切。如在亚洲的一些地区、中东、地中海盆地以及南美洲，利什曼病主要发生在海拔不低于 2 000 英尺（约合 609.6 m），平均年相对湿度不低于 70%，气温在 7.2 ~ 37.2 ℃的热带和亚热带地区。这些地区的气候和植被适于利什曼原虫传播媒介的繁殖。

近几年，在叙利亚，由于 IS 杀人抛尸致利什曼原虫泛滥，利什曼病流动。

四、临床表现

（一）潜伏期

根据国内的观察，在白蛉季节内出生的婴儿至出现临床症状大体需 4 ~ 6 个月。但利什曼病潜伏期的长短还受到患者的免疫力、营养水平以及感染原虫的数量等因素的影响，从而延长或减短。

（二）早期症状

利什曼病的症状大都是逐渐发生的。初起时一般有不规则发热，脾脏随之肿大，并伴有咳嗽及腹泻。恐惧和失眠亦为利什曼病早期常见的症状。婴幼儿除有发热和腹泻等症状外，尚可有夜啼、烦躁等现象。月经过多或闭止，常是妇女患者的早期症状。

（三）主要症状

病人在发病 2 ~ 3 个月以后，临床症状就日益明显。主要表现有以下几方面：

一是发热是利什曼病最主要的症状，占病例数的 95% 左右。利什曼病的热型极不规则，升降无定，有时连续，有时呈间歇或弛张，有时在一天内可出现两次的升降，称双峰热，在早期较常见。患者一般在下午发热，发热时患者感到倦怠，当发热至 39 ℃以上时，可能伴有恶寒和头疼，但并不发生神昏谵语症状，夜间大都有盗汗。

二是脾肿大是利什曼病的主要体征，一般在初次发热半个月后即可触及，至2～3个月时脾肿大的下端可能达到脐部，6个月后可能超过脐部，最大的可达耻骨上方。肿大的脾脏在疾病早期时都很柔软，至晚期则较硬。脾脏表面一般比较平滑，且无触痛。

三是肝肿大有半数左右的病人肝脏呈肿大。肝肿大出现常较脾肿大为迟，肿大程度也不如脾肿大明显，很少有超过右肋缘下6 cm者。

四是消化系统症状患者常有口腔炎，除黏膜有溃疡外，齿龈往往腐烂，且易出血，儿童患者每易并发走马疳。患者食欲减退，常有消化不良及食后胃部饱胀的感觉，甚至可引起恶心、呕吐及腹痛等症状。

五是循环系统症状病人的脉搏大都增速，血压常因贫血及肾上腺机能的失调而降低。由于患者血浆蛋白总量的下降以及贫血，因此可以发生水肿。水肿以下肢和脸部最为常见，偶亦可出现全身性水肿，晚期病人可能因肝脏损害的加重而使水肿更为显著，预后亦较严重。鼻衄及齿龈出血的发生主要因患者的血小板大量减少所致，鼻衄多数出现于发热期间，大都突然而来，少则数滴，多则可延续数小时，一般都能自止。

六是其他症状患者的淋巴结常有轻微或中度肿大，尤以颈部及腹股沟等部位较易扪及。夜间咳嗽为利什曼病常诉的症状之一，且比较剧烈。绝大多数妇女在患利什曼病后月经闭止，生育因而受到影响。

利什曼病在疾病的过程中症状可出现缓解，表现为在一段时间内体温正常，食欲增加，肿大的脾脏亦稍有缩小，但过一段时间后，又出现发热及脾脏继续增大，如此反复发作，病情日益加重，至疾病晚期则不再出现缓解。晚期病人大都消瘦，精神萎靡，头发稀少而无光泽，皮肤干燥，面色苍黄，在额、颞部和口腔周围可有色素沉着。腹部常因肝脾肿大而突出，四肢显得更加瘦细。儿童得病后发育受阻。

七是血象变化患者的红、白细胞和血小板减少，其原因与脾功能亢进有关。白细胞在疾病早期即开始减少，并随病程的进展而日益显著。白细胞的减少主要是中性多形核白细胞减少所致，大单核细胞大致正常，嗜酸和嗜碱粒细胞亦都减少，因而淋巴细胞的比例相对地增高。

患者的红细胞和血红蛋白均明显减少。血小板计数减少。由于患者贫血和丙球蛋白和纤维蛋白原的增加，因而红细胞沉降率加速。

八是肝脏功能变化利什曼病患者由于肝功能的失调和肝、脾内浆细胞的大量增生，致使球蛋白大量增加及白蛋白减少，白、球蛋白的比例大致为1:1.7，恰与正常人相反。病程较长的患者，肝细胞受到损害，尤其是晚期患者更为严重，因此各种肝功能试验都呈强阳性反应。

五、检　查

（一）病原学检查

髂骨穿刺抽取少许骨髓，制成涂片，染色后镜检。此法的利什曼原虫检出率在85%左右。合并HIV感染的利什曼病患者，检出率可达98%。

脾脏穿刺吸出脾髓，针头拔出后，即将针头内的脾髓注射于玻片上，制成涂片，染色镜检。脾穿刺法的原虫检出率很高，可达95%左右。

淋巴结穿刺淋巴液制成涂片，染色镜检。该法对初诊病人而言，原虫的检出率一般为50%左右，但合并HIV感染的利什曼病患者，检出率可达100%。

皮肤刮片检查制成涂片后染色镜检。如是PKDL，一般都能查见利什曼原虫。

原虫培养在严格的无菌操作下，把可疑病人的骨、脾、淋巴结或皮肤损害内所取得的各种组织液置三恩培养基内，放入22～24 ℃温箱内培养。15天后用白金耳取少量培养液于玻片上，在光学显微镜（高倍）下检查，如查见利什曼原虫前鞭毛体，即可确定诊断。

（二）血清学检查

利什曼病免疫诊断新技术可用于检测感染宿主体内的循环抗体、循环抗原和循环免疫复合物。在辅助病原诊断及判断流行情况方面起着重要的作用。目前主要应用的为抗体检测和抗原检测两大类，其中检测抗体的技术有以下3种。

①免疫荧光测定（IFAT）利什曼病IFAT试验的阳性率为100%，抗体滴度最低为1∶320，最高为1∶5 120，与健康人及其他疾病的交叉反应，抗体滴度不超过1∶20。②酶联免疫吸附试验（ELISA）和斑点-酶联免疫吸附试验（Dot-ELISA）凡大于或等于阴性对照OD均值（x）加3个标准差（SD）可判为阳性，利什曼病ELISA与病原检查阳性的符合率为100%。值得注意的是与麻风病有23%的交叉反应。Dot-ELISA是在ELISA基础上发展的一种简易的、而敏感和特异性均不亚于ELISA的检测方法。观察结果乃根据斑点的出现与否，目测即可，不受分光光度计读数的限制。而且记录可长期保存。利什曼病患者的血清，在稀释度为1∶100～1∶800时均可出现蓝色斑点，与病原检查阳

性的符合率为97.6%。与疟疾、肺吸虫、麻风等疾病未出现交叉反应。③免疫层析诊断试条（ICT）检测时，取利什曼病患者全血或血清一滴（约20～30测时）于样本垫上，通过层析，于3～5min，出现与抗原结合的阳性条带，目测即可。此法快速敏感，与病原检查的符合率可达100%。

利什曼病循环抗原的检测不但可提示宿主的活动性感染，亦可反映感染度及用作疗效考核。常用的技术有以下3种。①酶标记单克隆抗体斑点-ELISA直接法：此法检测利什曼病现症患者血清中相应的CAg，阳性率为90.6%。直接法实验操作简便，全过程为4小时。单克隆抗体-抗原斑点试验（McAb-AST)，亦用于利什曼病循环抗原的检测，其检测阳性率为97%。上述两种方法都可用来对利什曼病作疗效考核。②单克隆抗体-酶联免疫印渍技术（McAb-EITB）。③双抗体夹心斑点-酶联免疫吸附试验（Sandwich Dot-ELISA）。

六、诊断

（一）利什曼病的诊断标准

①为利什曼病流行区的居民，或在白蛉季节内（5—9月）曾进入流行区内居住过的人员。②长期不规则发热，脾脏呈进行性肿大，肝脏有轻度或中度肿大，白细胞计数降低，贫血，血小板减少或有鼻衄及齿龈出血等症状；病程一般在2年以内者。③用间接荧光抗体试验、酶联免疫吸附试验或ICT试条等方法检测抗体呈阳性，或用单克隆抗体斑点-ELISA或单克隆抗体-抗原斑点试验（McAb-AST法）等检测循环抗原呈阳性。④在骨髓、脾或淋巴结等穿刺物涂片上查见利什曼原虫无鞭毛体或将穿刺物注入三恩培养基内培养出前鞭毛体。

疑似病例：具备1条、2条。

临床诊断：疑似病例加第3条。

确诊病例：疑似病例加第4条。

（二）皮肤型利什曼病（PKDL）的诊断标准

①多数病例在数年或十余年前有利什曼病史，也可以发生在利什曼病病程中，少数患者无利什曼病史，为原发性病例。②在面、四肢或躯干部有皮下结节、丘疹或褪色斑，白细胞计数在正常值范围内，嗜酸粒细胞常在5%以上。③McAbdot-ELISA法检测循环抗原呈阳性。④从结节、丘疹处吸取的组织液或皮肤组织刮取物的涂片上查见利什曼原虫的无鞭毛体或把皮肤组织置三恩培养基内培养查见前鞭毛体。

疑似病例：具备1条、2条。

临床诊断：疑似病例加第3条。

确诊病例：疑似病例加第4条。

（三）淋巴结型利什曼病的诊断标准

①病人多发生在白蛉季节内由非流行区进入以婴、幼儿发病为主的利什曼病疫区（山区、荒漠地带）居住过的成年人中。②腹股沟、股、颈、腋下、耳后、锁骨上和腘窝等一处或多处的淋巴结肿大如花生米或黄豆般大小，或由数个肿大的淋巴结融合而形成核桃般大小的肿块。③从肿大的淋巴结吸取组织液涂片检查或从摘下的淋巴结的组织切片上查见利什曼原虫无鞭毛体，或把淋巴结组织置三恩培养基内培养查见前鞭毛体。

疑似病例：具备1条、2条。

确诊病例：疑似病例加第3条。在光学显微镜（油镜）下所见的利什曼原虫无鞭毛体呈园形，平均大小为4.4μm。吉姆萨或瑞氏染色后，原虫的细胞浆呈淡蓝色；核的位置常靠近细胞膜，染成红色；动基体呈杆状，位于核的对侧，呈紫红色；有时在动基体附近可见小的空泡。三恩培养基内或白蛉消化道内的前鞭毛体呈梭型，染色后胞浆呈淡兰色，深红色的核一般位于虫体中部，动基体位于核的前端，呈紫红色，基体位于虫体最前端，呈红色颗粒状，鞭毛由此发出并伸向体外，作为运动的工具。

七、鉴别诊断

利什曼病应与下列疾病作鉴别诊断。

（一）白血病

慢性骨髓白血病与慢性淋巴性白血病的患者大都是成人，有脾肿大、贫血以及鼻衄和齿龈出血等症状，很象利什曼病，经血常规检查即可鉴别，

（二）荚膜组织胞浆菌病

病原体为荚膜组织胞浆菌，近年来该病在我国的湖北、四川、广西、浙江、江苏和云南等省均有查见。播散性荚膜组织胞浆菌病的患者肝、脾肿大，贫血以及白细胞和血小板减少，从病人的骨髓、脾或淋巴结抽出物中见到的病原体也极易与利什曼原虫相混淆，每多误诊为利什曼病。但该病的病原体内部

结构与利什曼原虫不同，也看不到动基体的构造；患者 ICT 检测呈阴性，可用组织胞浆菌素作皮内试验以及真菌培养的方法确定诊断。

（三）班替氏综合征

此病的病程可分三期，初期仅有贫血和脾肿，中间期肝脾亦增大，且多恶心及腹泻等症状，晚期可发生肝硬化的症状，如呕血、腹水、消瘦以及胸腹部静脉屈张。患者人都是成年人，婴幼儿少见。该病除并发其他疾病或至晚期，患者一般情况良好，食欲正常，无发热等其他不适，球蛋白的增加并不显著，病程很长，可能维持 10～20 年，与利什曼病不难鉴别。

皮肤型利什曼病应与瘤型麻风鉴别。皮肤刮片检查寻找抗酸菌和利什曼原虫可确定诊断。

皮肤型利什曼病还应与皮肤利什曼病鉴别。旧大陆的皮肤利什曼病是由数种嗜皮肤的利什曼原虫感染所致的单纯性皮肤损害，患者无利什曼病史。皮损在发展过程中可产生溃疡，绝大多数患者的病程较短，溃疡大都在一年左右即自行愈合。而皮肤型利什曼病的皮肤损害不发生溃疡，病程颇长，如不予治疗，皮肤损害不会自行消失。

八、治　疗

（一）利什曼病的治疗

初治病例斯锑黑克六日疗法；斯锑黑克三周疗法。

未治愈病人患者经一个疗程斯锑黑克治疗后半个月复查时，如体温仍高于正常，白细胞计数未见增加，脾肿大依旧，原虫并不消失，应认为治疗无效。可加大斯锑黑克的剂量，比原剂量增加 1/3，采取 8 天 8 针疗法进行第 2 个疗程。

复发病人利什曼病经治疗后体温已恢复正常，一般情况和血象都有好转，脾肿大亦见缩小，穿刺检查不能查见利什曼原虫，但隔数月后（一般在 6 个月内）体温上升，脾肿增大，骨髓或脾穿刺涂片上又查见原虫，即为复发，仍可用斯锑黑克治疗，应在原剂量基础上加大 1/3。

抗锑病人经锑剂三个疗程以上仍未痊愈的病人，临床上称为抗锑性利什曼病病人。可采用以下 3 种药物进行治疗。①戊烷脒；②羟脒芪；③两性霉素 B。

（二）皮肤型利什曼病（PKDL）的治疗

斯锑黑克6日或8日疗法，连续2~3个疗程。戊烷脒的疗效优良，一般即可治愈。如皮肤损害仍未完全消失，可再给予一疗程。

（三）淋巴结型利什曼病的治疗

斯锑黑克的剂量和疗程同利什曼病初治病人。对症治疗和并发症的处理如下。

贫血患者如有中等度贫血，在治疗期间应给予铁剂。严重贫血者，除给予铁剂外，可进行小量多次输血，待贫血有所好转后再用锑剂治疗。

鼻出血先洗净鼻腔，寻找出血点，然后用棉花浸以1∶1 000肾上腺素液、3%麻黄素置出血处，或用明胶海绵覆盖在出血部位。

此外，病人在治疗期间，应卧床休息，预防感冒，给予营养丰富或高热量的食物，如鸡蛋，猪肝、豆腐等。每日口服足量的多种维生素，以利病体的恢复。

（四）需要处理的常见并发症

肺炎并发肺炎的利什曼病病人，不宜使用锑剂或戊烷脒及羟脒芪治疗。肺炎若发生在利什曼病治疗过程中，应立即停止注射，先用抗菌素治疗，待肺炎症状消失后再用抗利什曼病药物治疗。

走马疳应按常规方法给予抗利什曼病治疗，并及时使用抗生素。

急性粒细胞缺乏症应立即使用青霉素治疗以防止继发感染。如发生在锑剂治疗过程中，应停止注射锑剂，待症状消失后再给予抗利什曼病治疗。但有时利什曼病也可以引起此症，与锑剂使用无关，在此种情况下，锑剂使用不但无害，且能随利什曼病的好转而促使粒细胞回升。

九、预　防

（一）消灭病狗

在山丘或黄土高原地带的利什曼病流行区，宜及时使用病原检查或血清学方法查出病狗，加以杀灭。在病狗较多的地区，应动员群众少养或不养狗。

（二）灭蛉和防蛉

在白蛉季节内查见病人后，可用杀虫剂喷洒病家及其四周半径 15 m 之内的住屋和畜舍，以歼灭停留在室内或自野外入侵室内吸血的白蛉。提倡使用蚊帐，以 2.5% 溴氰菊酯（每 m 帐面 15 mg 纯品）在白蛉季节内浸蚊帐一次，能有效保护人体免受蚊、蛉叮咬。不露宿，提倡装置浸泡过溴氰菊酯（剂量同上）的细孔纱门纱窗。

在山丘及黄土高原地带的利什曼病疫区内，可在白蛉季节内用 2.5% 溴氰菊酯药浴或喷淋狗体（每只狗用 2 ~ 3 克），以杀死或驱除前来刺叮吸血的白蛉。夜间在荒漠地带野外执勤人员，应在身体裸露部位涂擦驱避剂，以防止白蛉叮咬。

十、研究现状

冯晓平等（2016）认为在现场评价检测内脏利什曼病特异抗体的胶体金免疫层析试条诊断内脏利什曼病患者的效果。快速检测内脏利什曼病的胶体金免疫层析试条适用于检测动物源型内脏利什曼病流行区患者血样中的特异性抗体。

第二十节　牛海绵状脑病

一、牛海绵状脑病概念及基本情况

牛海绵状脑病一般指疯牛病。疯牛病，即牛脑海绵状病，简称 BSE。1986 年 11 月将该病定名为 BSE，首次在英国报刊上报道。这种病波及世界很多国家，如法国、爱尔兰、加拿大、丹麦、葡萄牙、瑞士、阿曼和德国。据考察发现，这些国家有的是因为进口英国牛肉引起的。

疯牛病简介：1985 年 4 月，医学家们在英国发现了一种新病，专家们对这一世界始发病例进行组织病理学检查。10 年来，这种病迅速蔓延，英国每年有成千上万头牛因患这种病导致神经错乱、痴呆，不久死亡。

二、症　状

医学家们发现 BSE 的病程一般为 14 ~ 90 天，潜伏期长达 4 ~ 6 年。这种病多发生在 4 岁左右的成年牛身上。其症状不尽相同，多数病牛中枢神经系统出现变化，行为反常，烦躁不安，对声音和触摸，尤其是对头部触摸过分敏感，步态不稳，经常乱踢以至摔倒、抽搐。发病初期无上述症状，后期出现强直性痉挛，粪便坚硬，两耳对称性活动困难，心搏缓慢（平均 50 次/分钟），呼吸频率增快，体重下降，极度消瘦，以至死亡。经解剖发现，病牛中枢神经系统的脑灰质部分形成海绵状空泡，脑干灰质两侧呈对称性病变，神经纤维网有中等数量的不连续的卵形和球形空洞，神经细胞肿胀成气球状，细胞质变窄。另外，还有明显的神经细胞变性及坏死。

三、病　原

医学家研究证实，牛患 BSE，是痒病传到牛身上所致。痒病是绵羊所患的一种致命的慢性神经性机能病。其实痒病的发生已有两百余年的历史。不过，医学界至今未能找到导致痒病的根源，因此，疯牛病的病原也就难以确定。

四、流行病学

BSE 于 1986 年最早发现于英国，随后由于英国 BSE 感染牛或肉骨粉的出口，将该病传给其他国家。截至 2001 年 1 月，已有英国、爱尔兰、葡萄牙、瑞士、法国、比利时、丹麦、德国、卢森堡、荷兰、西班牙、列支敦士登、意大利、加拿大、日本等 15 个国家发生过 BSE。阿曼、福克兰群岛等国家仅在进口牛中发生过 BSE。

易感动物为牛科动物，包括家牛、非洲林羚、大羚羊以及瞪羚、白羚、金牛羚、弯月角羚和美欧野牛等。易感性与品种、性别、遗传等因素无关。发病以 4 ~ 6 岁牛多见，2 岁以下的病牛罕见，6 岁以上牛发病率明显减少。奶牛因饲养时间比肉牛长，且肉骨粉用量大而发病率高。家猫、虎、豹、狮等猫科动物也易感。

饲喂含染疫反刍动物肉骨粉的饲料可引发 BSE。BSE 发生流行需以下两个要素：①本国存在大量绵羊且有痒病流行或从国外进口了被 TSEs（传染性海绵状脑病）污染的动物产品；②用反刍动物肉骨粉喂牛。

五、诊　断

根据临床症状只能做出疑似诊断，确诊需进一步做实验室诊断。

（一）实验室诊断

病原检查：目前尚无 BSE 病原的分离方法。生物学方法（即用感染牛或其他动物的脑组织通过非胃肠道途径接种小鼠，是目前检测感染性的唯一方法。但因潜伏期至少在 300 天以上，而使该方法无实际诊断意义）。

脑组织病理学检查：以病牛脑干核的神经元空泡化和海绵状变化的出现为检查依据。在组织切片效果较好时，确诊率可达 90%。本法是最可靠的诊断方法，但需在牛死后才能确诊，且检查需要较高的专业水平和丰富的神经病理学观察经验。

免疫组织化学法：检查脑部的迷走神经核群及周围灰质区的特异性 PrP 的蓄积，本法特异性高，成本低。

电镜检查：检测痒病相关纤维蛋白类似物（SAF）。

免疫转印技术：检测新鲜或冷冻脑组织（未经固定）抽提物中特异性 PrP 异构体，本法特异性高，时间短，但成本较高。

样品采集：组织病理学检查，在病畜死后立即取整个大脑以及脑干或延脑，经 10% 福尔马林盐水固定后送检。

应与以下疾病做鉴别：有机磷农药中毒（有明显的中毒史，发病突然，病情短）；低镁血症、神经性酮病（可通过血液生化检查和治疗性诊断确诊）；李氏杆菌感染引起的脑病（病程短，有季节性，冬春多发，脑组织大量单核细胞浸润）；狂犬病（有狂犬咬伤史，病程短、脑组织有内基氏小体）；伪狂犬病（通过抗体检查即可确诊）；脑灰质软化或脑皮质坏死、脑内肿瘤、脑内寄生虫病等（通过脑部大体解剖即可区别）。

（二）研究现状

人类疯牛病类克-雅二氏病

多年来，英国的专家宣称，有 10 例新发现的克-雅二氏病患者，据说是吃了患疯牛病的牛肉引起的，由此引起了全球对疯牛病的恐慌。克-雅二氏病简称 CJD，是一种罕见的致命性海绵状脑病，据专家们统计，每年在 100 万人中只有一个会得 CJD。

食用被疯牛病污染了的牛肉、牛脊髓的人，有可能染上致命的克罗伊茨费尔德-雅各布氏症（简称克-雅氏症），其典型临床症状为出现痴呆或神经错乱，视觉模糊，平衡障碍，肌肉收缩等。病人最终因精神错乱而死亡。

医学界对克-雅氏症的发病机理还没有定论，也未找到有效的治疗方法。

该病首发于某岛土著人食用死者内脏后，由于该岛土著人有食用死者遗体内脏的习俗，故该病高发。后由于欧美各国纷纷用“牛肉骨粉”饲养菜牛，牛发生相同症状并导致大面积播散，故克-雅氏症便以“疯牛病”为人群所知。其致病原称“朊毒体”“朊病毒”，朊病毒是小团的蛋白质。利用正常细胞中氨基酸排列顺序一致的蛋白进行复制，其过程尚不十分清楚。它是不同于细菌和病毒的生物形式，没有（不利用）DNA 或 RNA 进行复制，目前并无针对性治疗。由于其结构简单之特性，朊毒体的复制传播都较细菌、病毒更快。

朊病毒的发现

早在 300 年前，人们已经注意到在绵羊和山羊身上患的“羊瘙痒症”。其症状表现为：丧失协调性、站立不稳、烦躁不安、奇痒难熬，直至瘫痪死亡。20 世纪 60 年代，英国生物学家阿尔卑斯用放射处理破坏 DNA 和 RNA 后，其组织仍具感染性，因而认为“羊瘙痒症”的致病因子并非核酸，而可能是蛋白质。由于这种推断不符合当时的一般认识，也缺乏有力的实验支持，因而没有得到认同，甚至被视为异端邪说。1947 年发现水貂脑软化病，其症状与“羊搔症症”相似。以后又陆续发现了马鹿和鹿的慢性消瘦病（萎缩病）、猫的海绵状脑病。最为震惊的当首推 1996 年春天“疯牛病”在英国以至于全世界引起的一场空前的恐慌，甚至引发了政治与经济的动荡，一时间人们“谈牛色变”。

1997 年，诺贝尔生理医学奖授予了美国生物化学家斯坦利·普鲁辛纳（Stanley B. P Prusiner），因为他发现了一种新型的生物——朊病毒（Piron）。“朊病毒”最早是由美国加州大学 Prusiner 等提出的，在此之前，它曾经有许多不同的名称，如非寻常病毒、慢病毒、传染性大脑样变等，多年来的大量实验研究表明，它是一组至今不能查到任何核酸，对各种理化作用具有很强抵抗力，传染性极强，分子量在 2.7 万～3 万的蛋白质颗粒，它是能在人和动物中引起可传染性脑病（TSE）的一个特殊的病因。

疯牛病研究有新发现

美国科学家 19 日发表的关于疯牛病的最新初步研究报告表明，被认为是导致疯牛病的畸形蛋白质不仅存在于牛的神经和淋巴组织，可能也存在于牛的肌肉中。

根据美国加利福尼亚大学旧金山分校的斯坦利·普鲁西纳博士和他同事们的研究结果，可以在动物肌肉组织中收集到大量畸形蛋白质，至少老鼠是这样的。

普鲁西纳 1997 年曾因他在疯牛病病因问题上的研究贡献而获得当年的诺贝尔医学奖。他说，这项最新的研究只是初步的，还不能确定畸形蛋白质是否是在动物肌肉中自然形成的。

另据报道，根据普鲁西纳的最新研究结果，法国食品安全机构准备对[illegible]头感染疯牛病的母牛肌肉进行化验，看导致疯牛病的畸形蛋白质是否存在于牛的肌肉组织中。

2009 年 11 月 21 日据新闻报道英国研究人员日前报告说，他们发现一种蛋白质在疯牛病形成过程中起着关键性作用，如能研制出针对这种蛋白质的药物，将有助于开发治疗疯牛病以及相关人类疾病的新方法。

英国利兹大学研究人员在新一期美国《公共科学图书馆病原卷》杂志上报告说，他们发现一种名为 Glypican-1 的蛋白质在疯牛病形成过程中起着关键作用。疯牛病是由牛神经系统中的朊蛋白发生病变引起的，实验显示，Glypican-1 的存在会导致病变朊蛋白数量上升，如果减少细胞中这种蛋白质的数量，病变朊蛋白的数量会随之下降。研究人员说，这可能是因为 Glypican-1 起到某种作用，使两种不同的朊蛋白凭借它组装到一起，从而发生变异，形成病变朊蛋白。研究人员推测，在其他一些人类神经系统疾病中，Glypican-1 可能也发挥着类似作用。因此，如果能研制出一种以这种蛋白质为靶标的药物，将有助于开发治疗疯牛病以及相关人类疾病的新方法。疯牛病是一种严重损害牛中枢神经系统的传染性疾病，染上这种病的牛的脑神经会逐渐变成海绵状。随着大脑功能的退化，病牛会神经错乱，行动失控，最终死亡。误食此类病牛的肉可能导致人患上新型克雅氏症，使患者脑部出现海绵状空洞，并出现脑功能退化、记忆丧失和精神错乱等症状，最终可能导致患者死亡。

疯牛病死亡人数将稳步上升

英国政府海绵状脑病顾问委员会的一位科学家警告说：因疯牛病死亡的人数将以每年 30% 左右的速度逐年上升，最终每年可造成成千上万人丧生。迄今为止死于此疫的人数为 69 人，另有 7 例死亡事件可能与疯牛病有关。科学家们认为，人们可通过食用感染克-雅（Creutzfeldt-Jakob）式病毒的牛肉而受感染，但这一致命疾病只有在受害者死后通过对大脑的检查才可能确证。

应对疯牛病危机有三难

2007 年 10 月，新一轮疯牛病危机在欧洲爆发。欧盟殚精竭虑，推出一系列措施，试图消除人们的“恐牛症”和阻止危机进一步发展。几个月过去了，危机不仅未见缓解，欧盟养牛业反而在危机中越陷越深，消费者对牛肉更加不敢问津。欧盟农业部长会议日前得出结论：疯牛病危机对欧盟的经济和社会压力已经达到“紧急状态”。

目前，欧盟在与疯牛病的较量中主要面临三大难题。

首先，落实“斗牛”措施困难重重。按照欧盟的有关计划，从 2008 年 1 月 1 日起，要对所有年龄在 30 个月以上的牛进行疯牛病检测，这是因为疯牛病有潜伏期，一般只有年龄超过 30 个月的牛才能被确诊是否患了疯牛病。欧盟各国总共大约有 700 万头这种两岁多的存栏牛，检测起来十分繁重。据欧盟委员会估计，一年只可能检测 200 万头牛。至于禁用动物骨粉作饲料的规定，欧盟委员会也承认其实施的难度。有些成员国并不赞成这一决定，因而不可能保证牛农不继续使用动物骨粉。欧盟委员会对成员国执行新措施动作缓慢表示极大不满。

其次，经济负担难以应付。为了应付疯牛病危机，欧盟决定动用 12 亿欧元，用于收购被宰杀的牛、补贴牛农损失和检测疯牛病。但是，由于疯牛病持续蔓延，原定的预算已经无法应付当前的危机。欧盟委员会农业委员菲施勒表示，由于欧盟各国牛肉消费量锐减，出口严重受损，更由于疯牛病病例不断增加，必须销毁病牛和大量同栏饲养的牛才可能恢复消费者信心。他强调，欧盟今年需要 30 亿欧元才可能应付这场危机。欧盟各国农业部长 1 月 29 日在布鲁塞尔会商，但未能拿出解决经济负担的最后方案。

第三，社会压力越来越大。疯牛病危机爆发，欧盟和成员国面临多重社会压力。一方面，消费者的不满呼声越来越高，在一些成员国已经导致政府部长引咎辞职，迫使政府采取更加严厉的措施控制疯牛病；另一方面，牛农受到市场萎缩的打击，损失惨重，他们强烈要求欧盟和成员国政府保护其利益。此外，目前欧盟种田的农户也在提心吊胆，他们担心欧盟为应付疯牛病危机而减少对他们的贴补。2 月 2 日，比利时农民向欧盟和比利时政府施加压力，将 1 200辆拖拉机停在欧洲高速公路上，使通往德国、卢森堡和法国的交通一度中断。

此间分析人士认为，疯牛病危机对欧盟经济和社会带来的压力和冲击有可能进一步加剧，公众对疯牛病的恐惧一时还很难消除。欧盟如何应对危机，已成为欧洲社会关注的焦点。

疯牛病的传染与防治

牛的感染过程通常是：被疯牛病病原体感染的肉和骨髓制成的饲料被牛食用后，经胃肠消化吸收，经过血液到大脑，破坏大脑，使失去功能呈海绵状，导致疯牛病。

人类感染通常是因为下面几个因素

食用感染了疯牛病的牛肉及其制品也会导致感染，特别是从脊椎剔下的肉（一般德国牛肉香肠都是用这种肉制成）；某些化妆品除了使用植物原料之外，也有使用动物原料的成分，所以化妆品也有可能含有疯牛病病毒（化妆品所使用的牛羊器官或组织成分有：胎盘素、羊水、胶原蛋白、脑糖）；而有一些科学家认为“疯牛病”在人类变异成“克-雅氏病”的病因，不是因为吃了感染疯牛病的牛肉，而是环境污染直接造成的。认为环境中超标的金属锰含量可能是“疯牛病”和“克-雅氏病”的病因。

现在对于疯牛病的处理，还没有什么有效的治疗办法，只有防范和控制这类病毒在牲畜中的传播。一旦发现有牛感染了疯牛病，只能坚决予以宰杀并进行焚化深埋处理。但也有看法认为，即使染上疯牛病的牛经过焚化处理，但灰烬仍然有疯牛病病毒，把灰烬倒在堆田区，病毒就可能会因此而散播。

目前，对于这种病毒究竟通过何种方式在牲畜中传播，又是通过何种途径传染给人类，研究的还不清楚。

疯牛病的预防和治疗

慕尼黑大学12月1日发布消息说，该大学和波恩大学以及马普研究所的研究人员合作，从被感染了Scrapie病毒的实验鼠脑蛋白分子中发现了一种物质，这种物质能明显延长被感染的实验鼠的生命，并可以制成疫苗用来预防和治疗疯牛病。Scrapie病毒是疯牛病病毒和人类克雅氏病毒的一种变种。

导致疯牛病的带病毒蛋白质分子会感染大脑中健康的蛋白质分子，引起连锁反应和破坏脑组织，患疯牛病的牛会因肌体和脑组织损害而很快死亡。然而，研究人员在感染了Scrapie病毒的实验鼠身上发现，即使实验鼠脑组织中没有健康的蛋白质分子，依然能够很好地存活。据此，研究人员从实验鼠的脑细胞中提取到了这种特殊物质。

慕尼黑大学的研究人员称，利用这种物质制成的疫苗，能有效地预防疯牛病，但能否用于人类预防和治疗克雅氏病还需深入研究。

六、研究进展

宋建德等（2014 年）认为为增强牛海绵状脑病防范的针对性，根据 1986 年以来全球 BSE 的流行情况，简要分析近年来全球 BSE 流行的总体趋势和特点，如 BSE 发病国家持续增多，每年发病国家和病例数逐渐减少，BSE 病例年龄持续增大，非典型病例持续增多等；总结 BSE 防控的主要措施，如禁止进口风险动物及其产品，严格执行饲料禁令，剔除特殊风险物质，开展 BSE 监测以及进行宣传培训等。

第二十一节　棘球蚴病

一、棘球蚴病概念及基本情况

棘球蚴病又称为包虫病。包虫病是人感染棘球绦虫的幼虫（棘球蚴）所致的慢性寄生虫病。本病的临床表现视包虫囊部位、大小和有无并发症而不同。长期以来，包虫病被认为是一种人畜共患寄生虫病，称之为动物源性疾病。根据近年来流行病学调查，称之地方性寄生虫病；在流行区带有职业性损害的特点，被列为某些人群的职业病；从全球范围讲包虫病为少数民族或宗教部落所特有的一种常见病和多发病。

别称：包虫病。

英文名称：hydatid disease。

就诊科室：内科。

常见病因：棘球绦虫的幼虫（棘球蚴）。

二、病　因

本病是一种严重的人畜共患的疾病，我国包虫病高发流行区主要集中在高山草甸地区及气候寒冷、干旱少雨的牧区及半农半牧区，以新疆、青海、甘肃、宁夏、西藏、内蒙古、陕西、河北、山西和四川北部等地较为严重。

家犬和狐狸等野生动物是主要传染源。犬因食入病畜内脏而感染。病犬排出的虫卵，污染牧场、水源等自然环境及羊毛等畜产品。人由于与家犬接触，或食入被虫卵污染的水、蔬菜或其他食物而感染。

三、临床表现

包虫病可在人体内数年至数十年不等。临床表现视其寄生部位、囊肿大小以及有无并发症而异。因寄生虫的虫种不同，临床上可表现为囊型包虫病（单房型包虫病）、泡型包虫病（多房型包虫病）、混合型包虫病。

（一）肝包虫病

囊肝包炎极度肿大时右上腹出现包块，患者有饱胀牵涉感并可有压迫症状。囊肿大多位于右叶，且多位于表面，位于左叶者仅占1/4。囊肿位于右叶中心部时肝脏呈弥漫性肿大，向上发展压迫胸腔可引起反应性胸腔积液、肺不张等；向下向前发展则向腹腔膨出。大多数患者体检时发现肝脏极度肿大，局部有表面平滑囊肿感。少数病例叩击囊肿后可听到震颤。由细粒棘球蚴所致的通常称为单房型包虫病；由多属棘球蚴所致的称为多房型包虫病，简称泡球蚴病。包虫增殖方式呈浸润性，酷似恶性肿瘤。肝泡球蚴尚可通过淋巴或血路转移，继发肺、脑泡型包虫病，故有恶性包虫病之称。肝质地变硬，表面不平。

（二）肺包虫病

常有干咳、咯血等症状。约有2/3患者病变位于右肺，且以下叶居多。囊肿破入胸腔时可发生严重液气胸。约半数患者的囊肿破入支气管，随着囊液咳出而自愈，偶可因囊液大量溢出而引起窒息。

（三）脑包虫病

发病率低（1%～2%），多见于儿童，以顶叶最常见，临床表现为癫痫发作与颅内压增高症状。包囊多为单个，多数位于皮层下，病变广泛者，可累及侧脑室，并可压迫、侵蚀颅骨，出现颅骨隆凸。

（四）骨骼包虫病

国内报告远低于国外，仅占0.2%左右。以骨盆和脊椎发生率最高，其次可以四肢长骨、颅骨、肩胛骨、肋骨等。细粒棘球蚴侵入长骨后，感染通常从骨端开始，疏松海绵骨首先受侵。由于骨皮质坚硬、骨髓腔狭小呈管状，限制包虫的发展，故病程进展缓慢，晚期可能出现病理性骨折、骨髓炎或肢体功能障碍。

（五）其 他

心包、肾、脾、肌肉、胰腺等包虫病均比较少见，其症状似良性肿瘤。人感染包虫病后，常因少量抗原的吸收而致敏，如囊肿穿破或手术时，囊液溢出可致皮疹、发热、气急、腹痛、腹泻、昏厥、谵妄、昏迷等过敏反应，重者可死于过敏性休克。

四、检 查

（一）血清试验

以间接血凝试验和酶联吸附最为常用，阳性率约90%，亦可出现假阴性或假阳性反应。肺囊型包虫病血清免疫学试验阳性率低于肝囊型包虫病。补体结合试验阳性率为80%，约5%呈假阳性反应（本病与吸虫病和囊虫病之间有交叉免疫现象）。其他尚有乳胶凝集、免疫荧光试验，可视具体情况选用。

（二）血 象

嗜酸粒细胞增多见于半数病例，一般不超过10%，偶可达70%。

（三）影像诊断

胸片有助于肺包虫病的定位。肝包虫病者在肝CT上显示大小不等的圆形或椭圆形低密度影，囊肿内或囊壁可出现钙化，低密度影边缘部分显示大小不等的车轮状圆形囊肿影，提示囊内存在着多个子囊。B型超声检查有助于手术前包虫囊肿的定位以及手术后的动态观察。

（四）皮内试验

阳性者局部出现红色丘疹，可有伪足（即刻反应），2小时后始消退，约12～24小时可出现红肿和硬结（延迟反应）。当患者血液内有足量抗体存在时，延迟反应常不出现。有少数患者即刻反应和延迟反应均呈阳性。在穿刺、手术或感染后即刻反应仍为阳性，但延迟反应被抑制。皮内试验阳性率在80%～90%之间，但可出现假阳性。

五、诊　断

（一）流行病学资料

本病见于畜牧区，患者大多与狗、羊等有密切接触史。

（二）临床征象

上述患者如有缓起的腹部无痛性包块（坚韧、光滑、囊样）或咳嗽、咯血等症状应怀疑为本病，并进一步做 X 线、超声检查、CT 和放射核素等检查以明确诊断。

（三）实验室检查

皮内试验的灵敏性强而特异性差。血清学检查中免疫电泳、酶联免疫吸附试验具有较高的灵敏性和特异性。本病应与肝脏非寄生虫性良性囊肿、肝脓肿、肠系膜囊肿、巨型肾积水、肺脓肿、肺结核球、脑瘤、骨肿瘤等鉴别，根据各种疾病自身的特点一般不难作出诊断。

六、治　疗

（一）手术治疗

外科手术为治疗本病的首选方法，应争取在出现压迫症状或并发症前进行手术。肺、脑、骨等部位的包虫病亦应行摘除手术。国外有人采用西曲溴胺杀原头蚴，并被认为是毒性低、效果好的理想杀原头蚴剂，用于人体包虫囊摘除术前。

（二）药物治疗

苯并咪唑类化合物是近年来国内外重点研究的抗包虫药物，阿苯达唑和甲苯咪唑均为抗包虫的首选药物，阿苯达唑吸收较好，在治疗囊型包虫病时，30 天为 1 个疗程，可视病情连续数个疗程，其疗程优于甲苯咪唑，尤以肺包虫病为佳。对于泡型包虫病，国内有人建议长期应用较大剂量的阿苯达唑治疗，疗程 17 ~66 个月（平均为 36 个月）不等，但治疗过程中宜随访肝、肾功能与骨髓。孕妇忌用。

七、研究进展

阳爱国（2001年）认为棘球蚴病是人畜共患寄生虫病，是由多房或细粒棘球绦虫的幼虫寄生于牦牛、绵羊、猪、黄牛、水牛、犏牛、骆驼、马、驴、骡等家畜和多种野生有蹄类动物的内脏以及人体而引起的寄生虫的传染病。由于该幼虫顽固性的无性芽生增殖，能无限地增生繁殖，因此该病在国内外素称“寄生虫癌”。

第二十二节　猪乙型脑炎

一、猪乙型脑炎概念及基本情况

猪乙型脑炎一般指猪流行性乙型脑炎。

别称：猪流行性乙型脑炎。

多发群体：急性人兽共患传染病。

常见病因：母猪流产。

常见症状：乙型脑炎病毒引起。

病症简介：日本乙型脑炎又名流行性乙型脑炎，是由日本乙型脑炎病毒引起的一种急性人兽共患传染病。猪主要特征为高热、流产、死胎和公猪睾丸炎。

二、流行病学

乙型脑炎是自然疫源性疫病，许多动物感染后可成为本病的传染源，猪的感染最为普遍。本病主要通过蚊的叮咬进行传播，病毒能在蚊体内繁殖，并可越冬，经卵传递，成为次年感染动物的来源。由于经蚊虫传播，因而流行与蚊虫的孳生及活动有密切关系，有明显的季节性，80%的病例发生在7月、8月、9月三个月；猪的发病年龄与性成熟有关，大多在6月龄左右发病，其特点是感染率高，发病率低（20%～30%），死亡率低；新疫区发病率高，病情严重，以后逐年减轻，最后多呈无症状的带毒猪。

三、临诊症状

猪只感染乙脑时，临诊上几乎没有脑炎症状的病例；猪常突然发生，体温升至40～41 ℃，稽留热，病猪精神萎缩，食欲减少或废绝，粪干呈球状，表面附着灰白色黏液；有的猪后肢呈轻度麻痹，步态不稳，关节肿大，跛行；有的病猪视力障碍；最后麻痹死亡。妊娠母猪突然发生流产，产出死胎、木乃伊和弱胎，母猪无明显异常表现，同胎也见正产胎儿。公猪除有一般症状外，常发生一侧性睾丸肿大，也有两侧性的，患病睾丸阴囊皱襞消失、发亮，有热痛感，约经3～5天后肿胀消退，有的睾丸变小变硬，失去配种繁殖能力。如仅一侧发炎，仍有配种能力。

四、病理变化

流产胎儿脑水肿，皮下血样浸润，肌肉似水煮样，腹水增多；木乃伊胎儿从拇指大小到正常大小；肝、脾、肾有坏死灶；全身淋巴结出血；肺瘀血、水肿。子宫黏膜充血、出血和有黏液。胎盘水肿或见出血。公猪睾丸实质充血、出血和小坏死灶；睾丸硬化者，体积缩小，与阴囊粘连，实质结缔组织化。

五、诊　断

由于本病隐性感染机会多，血清学反应都会出现阳性，需采取双份血清，检查抗体上升情况，结合临诊症状，才有诊断价值。

六、鉴别诊断

须与布鲁氏菌病、伪狂犬病等鉴别。

七、防治方法

无治疗方法，一旦确诊最好淘汰。做好死胎儿、胎盘及分泌物等的处理；驱灭蚊虫，注意消灭越冬蚊；在流行地区猪场，在蚊虫开始活动前1～2个月，对4月龄以上至两岁的公母猪，应用乙型脑炎弱毒疫苗进行预防注射，第二年加强免疫一次，免疫期可达3年，有较好的预防效果。

八、防治措施

[**处方1**]

康复猪血清40 mL用法：一次肌内注射。

10%磺胺嘧啶钠注射液20～30 mL 25%葡萄糖注射液40～60 mL用法：一次静脉注射。

10%水合氯醛20 mL用法：一次静脉注射。

[**处方2**]

生石膏120 g、板蓝根120 g、大青叶60 g、生地30 g、连翘30 g、紫草30 g、黄芩20。用法：水煎一次灌服，每日一剂，连用3剂以上。

[**处方3**]

生石膏80 g、大黄10 g、元明粉20 g、板蓝根20 g、生地20 g、连翘20 g。用法：共研细末，开水冲服，日服2次，每日一剂，连用1～2日。水煎一次灌服，每日一剂，连用3剂以上。

[**处方4**]

针灸穴位：天门、脑俞、大椎、太阳等，并配以耳门、涌泉、滴水等穴。针法：白针或血针说明：防蚊灭蚊，根除传染媒介是预防本病的根本措施。夏季圈舍每周2次喷杀虫剂，如倍硫磷、敌敌畏、灭害灵等可有效减少本病的发生。

九、研究进展

邓永等（2007）认为乙脑的诊断依靠流行病学调查、临床诊断和实验室诊断来完成，由于乙脑临床症状与许多疾病相似，故不能仅根据临床表现进行确诊，必须进行实验室诊断，即使是疫区病例也是如此。实验室诊断包括病原检测和血清学诊断。病原学检测方法包括病毒的分离、鉴定，反向被动血凝试验，免疫细胞化学法和PCR诊断方法等。用于乙脑诊断的血清学方法包括乳胶凝集试验（LAT）、补体结合试验（CF）、血凝抑制试验（HI）、中和试验（SN）、斑点免疫渗滤试验、酶联免疫吸附试验（ELISA）、间接免疫荧光试验（IFA）、间接血凝试验（IHA）、放射免疫测定、免疫电镜技术等。

第二十三节　痘　病

一、概念及基本情况

痘病是由痘病毒引起的各种家畜、家禽和人类共患的一种急性、热性、接触性传染病。哺乳动物痘病的特征是在皮肤上发生痘疹，禽痘则在皮肤产生增生性和肿瘤样病变。痘病是一种古老的传染病，对人引起人的天花，我国于1961年消灭了天花，但动物的痘病还时有发生。痘病中以绵羊痘、猪痘和禽痘最为常见。目前，天花已经灭绝，天花病毒存放在美国等国家的实验室中。

二、病　原

痘病的病原是痘病毒。痘病毒属于痘病毒科脊椎动物痘病毒亚科，与痘病有关的有6个属（正痘病毒属、山羊痘病毒属、禽痘病毒属、兔痘病毒属、猪痘病毒属和副痘病毒属），痘病毒为双股DNA病毒，有囊膜，病毒粒子呈砖形或椭圆形。各种禽痘病毒与哺乳动物痘病毒间不能交叉感染或交叉免疫，但各种禽痘间在抗原上极为相似，其他属的同属病毒的各成员之间也存在着许多共同抗原和广泛的交叉中和反应。病毒对低温和干燥的抵抗力较强，对温度敏感，55，经20 min灭活。病毒对直射阳光、碱和消毒剂敏感，常用消毒剂如0.5%福尔马林、0.01%碘溶液数分钟内可将其杀死。

三、绵羊痘

（一）简　介

绵羊痘是由绵羊痘病毒引起的，特征是皮肤和黏膜上发生特异性的痘疹，可见斑疹、丘疹、水疱、脓疱和结痂的病理过程。该病被世界动物卫生组织定为A类传染病，我国也将其列入一类动物疫病。

（二）流行病学

不同品种、性别、年龄的绵羊均易感，但细毛羊最易感，羔羊比成年羊易感，病死率也较高。病毒主要经呼吸道感染，也可通过损伤的皮肤、黏膜感染。饲养管理人员、护理用具、毛皮、饲料、垫草和体外寄生虫都可成为本病的传播媒介。多发生于冬末春初。气候恶劣、饲养管理不良等条件都可促进本病的发生。

（三）临床症状

潜伏期平均为6～8 d，冬季较长。病初，病羊体温升高到41～42℃，食欲减少，精神不振，眼睑肿胀，结膜潮红，有浆液性分泌物，鼻腔也有浆液、黏液或脓性分泌物流出，呼吸和脉搏增速。

发痘期：约经1～4 d后开始发痘，在唇、鼻、颊、眼周围、四肢和尾内侧、乳房和腿内侧最常见。1～2 d后红斑凸起，形成丘疹。几天之内变成水疱，继而发展为脓疱。

化脓期：如果无继发感染则在几天内脓疱干缩而结成褐色痂。

结痂期：痂块脱落遗留一个红斑，以后颜色逐渐变淡。病程约3～4周。

非典型病例不呈现上述典型临诊症状或经过，有的仅出现体温升高和呼吸道、眼结膜的卡他性炎症；有的甚至不出现或仅出现少量痘疹，或在局部皮肤上仅出现结节，很快便干燥脱落而不形成水疱和脓疱，呈良性经过。但有些病羊的痘疱内出血，称“黑色痘”；有些皮肤发生化脓和坏疽，形成深的溃疡，发出臭味，称为“臭痘”和“坏疽痘”，呈恶性经过，病死率高达25%～50%。

（四）病理变化死亡病例

在前胃和真胃黏膜，有大小不等圆形或半球形坚实的结节、有的病例还形成糜烂或溃疡。咽、食道和支气管黏膜常有痘疹。在肺见有干酪样结节和卡他性肺炎区。另外，常见细菌性败血症变化，如肝脂肪变性、心肌变性、淋巴结急性肿胀等。

（五）诊　断

典型病例可根据皮肤、黏膜发生特异性痘疹，结合流行特点做出诊断，非典型病例可进行包涵体检查。

（六）防　治

平时加强饲养管理，抓好秋膘，冬季注意补饲、防寒。常发地区每年定期用羊痘鸡胚化弱毒苗在尾内侧进行皮内接种，剂量0.5 ml，4～6 d产生免疫力，免疫期1年。发病后应立即隔离病羊，封锁疫点。对疫区内未发病的羊及受威胁区的羊群进行紧急免疫接种。目前常用的疫苗是绵羊痘鸡胚化弱毒苗，不论羊只大小，一律在尾根皱褶处或尾内侧进行皮内注射0.5 mL，注射后4～6 d产生可靠的免疫力，免疫期持续1年。

本病尚无特效药。对病羊可注射免疫血清。痘疹可用0.1%高锰酸钾冲洗，擦干后涂碘甘油、1%龙胆紫、硼酸软膏或磺胺软膏等，防止继发感染。

四、山羊痘

山羊痘是由山羊痘病毒引起的，其特征是在皮肤和黏膜上形成痘疹，其症状和病变与绵羊痘相似。我国西北、东北和华北地区呈流行性，少数地区疫情较重。该病被世界动物卫生组织定为A类传染病，我国也将其列入一类动物疫病。目前由于广泛应用我国研制的山羊痘细胞弱毒疫苗，免疫效果确实，以0.5 mL皮内或1 mL皮下接种效果很好，已推广应用。结合有力的防制措施，疫情可以得到控制。

五、猪　痘

（一）简　介

猪痘由两种病毒引起：一是由猪痘病毒引起的猪痘，主要由猪血虱传播，其他昆虫如蚊、蝇等也有传播作用，多发生于4～6周龄仔猪及断奶仔猪，成年猪有抵抗力。二是由痘苗病毒引起的猪痘，各种年龄的猪均可感染发病，常呈地方流行性。

（二）临床症状

潜伏期4～7 d。病猪体温升高，精神沉郁，食欲不振，眼结膜和鼻黏膜潮红、肿胀，并有分泌物。痘疹主要发生于腹下、股内侧、背部或体侧部皮肤。开始为深红色突出于皮肤表面的硬实结节，以后见不到水疱即转为脓疱，并很快结痂，脱落后遗留白色斑块而痊愈。病程10～15 d，多取良性经过。病死率不高。

（三）诊　断

根据病猪典型痘疹，结合流行病学可以作出诊断。区别猪痘由何种病毒引起，可将病料接种家兔，痘苗病毒可在接种部位引起痘疹，而猪痘病毒不感染家兔。必要时可进行病毒的分离鉴定。

（四）防　治

加强猪群的饲养管理，搞好卫生，消灭猪血虱和蚊、蝇。对新购入猪隔离观察 1～2 周，防止带入病原。发现病猪要及时隔离治疗，可试用康复猪血清或痊愈猪全血治疗，剥去痘痂，用0.1%高锰酸钾溶液洗涤患处，再涂龙胆紫或碘甘油。病猪康复后可获得坚强免疫力。对病猪污染的环境及用具要彻底消毒，垫草焚毁。

六、禽　痘

（一）简　介

禽痘是由禽痘病毒引起的禽类一种接触性传染病。其特征是在无毛或少毛的皮肤上发生痘疹，或在口腔、咽喉部黏膜形成纤维素性坏死性假膜，又名禽白喉。

（二）流行病学

本病一年四季均可发生，以春秋两季和蚊子活跃的季节最易流行。大中型鸡场流行较为严重。不分性别、年龄和品种，以雏鸡和中雏鸡最易感，常引起大批死亡。其次是火鸡。鸭、鹅也可发病，但症状轻微。主要通过接触传播，也可经损伤的皮肤、黏膜传染。吸血昆虫如蚊、刺蝇、蚤等也可传播本病。饲养密度过大，通风不良，体表寄生虫寄生，饲养管理条件差，可使病情加重。如有葡萄球菌病、传染性鼻炎、慢性呼吸道病混合感染，可造成大批死亡。

（三）临床症状

鸡痘潜伏期 4～8 d。根据发病部位不同，可分为皮肤型、黏膜型及混合型。

1. 皮肤型

在鸡冠、眼睑、喙角、耳球、腿、脚、泄殖腔以及翅内侧形成特异的痘疹。起初为细薄的灰色麸皮样覆盖物，迅速形成结节。结节增大相互融合，形成粗糙、坚硬、凸凹不平的褐色痂块，眼部出现痘疹时致使鸡眼难睁。幼龄鸡精神萎顿，食欲减退，体重减轻。蛋鸡产蛋减少或停止。

2. 黏膜型（白喉型）

多发于幼雏和中雏。病初呈鼻炎症状，鼻炎出现后 2 ~3 d，口腔、咽喉等处黏膜发生痘疹，初为圆形黄色斑点，逐渐扩大融合成一层黄白色的假膜（故称白喉型），随后变厚而成棕色痂块，痂块不易脱落，强行撕脱则引起出血。如痘疹蔓延至喉部，病鸡出现吞咽困难，严重时窒息死亡；如痘疹发生在眼及眶下窦，则眼睑肿胀，结膜上有多量脓性或纤维素性渗出物，甚至引起角膜炎而失明。

3. 混合型

皮肤、黏膜均受侵害，发生痘疹。

（四）诊　断

皮肤型鸡痘，根据临诊症状可以确诊。黏膜型的鸡痘，可采取病料（痘痂或假膜）做成 1∶5 的悬浮液，通过划破冠、肉髯或皮下注射等途径接种易感鸡，如有痘病毒存在，被接种鸡在 5 ~7 d 内出现典型的皮肤痘疹。此外，也可进行包涵体检查或用血清学方法进行诊断。

（五）防　制

平时加强饲养管理，做好卫生消毒和定期预防接种工作。我国目前使用鸡痘鹌鹑化弱毒苗，100 倍稀释后，在翅膀内侧无血管三角区内皮下刺种，1 月龄以上鸡刺种 2 针；20 日龄鸡刺种 1 针。200 倍稀释后，6 日龄以上鸡刺种 1 针。引进家禽应隔离观察，确认健康方可混群。发病时，应立即隔离病鸡，轻者治疗，重者淘汰。对其他鸡进行紧急免疫接种。尸体深埋或焚烧。污染场所要严格消毒。存在于皮肤病灶中的病毒对外界环境的抵抗力很强，因此隔离的病鸡应在完全康复后 2 个月方可合群。

第二十四节　流行性感冒

一、概　述

流行性感冒（简称流感），是由流行性感冒病毒（简称流感病毒）引起的急性高度接触性传染病，传播迅速，呈流行性或大流行性。在人和哺乳动物，此病以发热和伴有急性呼吸道症状特征，在禽类则可有急性败血症、呼吸道感染以至隐性经过等多种临诊表现。

二、病　原

（一）分类和形态

流感病毒，分为 A、B、C 三型，分别属于正黏病毒科下设的 A 型流感病毒属、B 型流感病毒属和 C 型流感病毒属。流感病毒粒子呈多形性，为单股 RNA，有囊膜，囊膜上有两种穗状突起物（纤突），一种是血凝素（HA），另一种是神经氨酸酶（NA），HA 能凝集马、驴、猪、羊、牛、鸡、鸽、豚鼠和人的红细胞，不凝集兔红细胞。A 型流感病毒的 HA 和 NA 容易变异，已知 HA 有 16 个亚类（H1 ~ H16），NA 有 10 个亚类（N1 ~ N10），它们之间的不同组成，使 A 型流感病毒有许多亚型，各亚型之间无交互免疫力。B 型流感病毒的 HA 和 NA 不易变异，无亚类之分。C 型流感病毒只有一种糖蛋白（HEF），具有血凝性。流感病毒可以发生抗原漂移和抗原转变（重配）。

（二）抵抗力

流感病毒对干燥和低温的抵抗力强，在 -70℃抗稳定，冻干可保存数年，冻干可保存可使病毒灭活。一般消毒剂对病毒均有作用，对碘蒸气和碘溶液特别敏感。

三、流行病学

（1）易感动物。

A 型流感病毒可自然感染猪、马、禽类和人，貂、海豹、鲸等动物也可感染。常突然发生，传播迅速，呈流行性或大流行性。在某些情况下，动物的种间传播是由于 A 型流感病毒发生了遗传重组（变异）所致，但 A 型流感病毒的某些亚型，在无遗传重组的情况下，也可从一种动物传向另一种动物，而病毒的变异，常代替原有的亚型而导致新的流行，这是目前本病流行病学的一个严重问题。B 型流感病毒在自然情况下仅感染人，一般呈散发、暴发或小流行，每数年发生 1 次。C 型流感病毒常感染儿童，多呈散发，偶而呈暴发，但不流行。我国猪群曾有感染类似于同时期人 C 型流感的报道。

（2）传染源和传播途径。

病畜是主要的传染源，康复动物和隐性感染者，在一定时间内也可带毒排毒而成为传染源。病原存在于动物鼻液、痰液、口涎等分泌物中，多由飞沫经呼吸道感染。在禽类，病毒可从呼吸道、结膜和粪便中排出，因此，禽类的传播方式，除空气飞沫外，还可能与接触了被病毒污染的物体有关。

（3）季节性。

本病多发生于天气骤变的晚秋、早春以及寒冷的冬季。阴雨、潮湿、寒冷、贼风、运输、拥挤、营养不良和内外寄生虫侵袭可促进病的发生和流行。

本病发病率高而死亡率低，但鸡受到强毒（仅见于 A 型病毒的 H5 和 H7 亚型）感染时，则病死率很高。

四、几种动物流感

（一）禽流感（Avian Influenza，AI）

禽流感（Avian Influenza，AI）是由正粘病毒科、流感病毒属、A 型流感病毒引起的禽类感染和/或疾病综合征，是一种世界范围的禽类疫病。

1. 概　述

该病在临床上表现多样：从亚临床感染、中等程度的呼吸系统疾病、产蛋下降到严重的致死性疾病，其严重程度取决于病毒的毒力以及被感染禽的种类、日龄和有无并发症等因素。禽流感已被国际兽疫局（OIE）列为 A 类烈性传染病，1985 年我国农业部也将其列为 I 类传染病。

2. 流行病学

家禽中以鸡、火鸡最为易感，鸭、鹅和其他水禽的易感性较低，鸽的自然发病不常见。某些野禽也能感染。病原体主要通过粪便直接或间接传播，也有蛋媒传播的可能性。此外，带毒的候鸟也是主要的传播者。

本病虽无明显季节性，但常以冬春季节多发。

3. 临床症状与病理变化

（1）高致病力禽流感（Highly pathogenic avian influenza，HPAI）（H5 和 H7 中的少数亚型为高致病性的禽流感毒株）。

临床症状 HPAI 常以突然死亡和高死亡率为主要特征，常导致感染禽群的全群覆没。潜伏期 3 ~5 天，体温迅速升高达 41.5 迅以上，食欲废绝，精神极度沉郁、呆立昏睡，对外界刺激无任何反应。冠与髯肉常水肿、发绀，并有淡色的皮肤坏死区；呼吸高度困难，不断吞咽、甩头，口流黏液；拉黄白、黄绿或绿色稀粪。产蛋大幅度下降或停止。病鸡常于症状出现后数小时内死亡，病死率接近100%。病理变化主要表现为：皮下、浆膜下、黏膜、肌肉及各内脏器官的广泛性出血，尤其是腺胃黏膜可呈点状或片状出血，腺胃与食道交界处、腺胃与肌胃交界处有出血或溃疡。

喉头、气管有不同程度的出血，管腔内有大量黏液或干酪样分泌物。卵巢和卵子充血、出血。输卵管内有多量黏液或干酪样物。整个肠道（尤其是小肠）从浆膜层可看到肠壁有大量黄豆至蚕豆大小的出血斑或坏死灶（枣核样坏死）。盲肠扁桃体肿大、出血、坏死，肝、脾出血。腿部可见充血、出血。脚趾肿胀，伴有淤血性变色。

头面部水肿，并伴有窦炎和肉垂、冠发绀、充血。

（2）低致病力禽流感（Low pathogenic avian influenza，LPAI）。

临床症状 LPAI 通常呈现体温升高，精神沉郁，饮食欲减少，消瘦，母鸡产蛋率下降。呼吸道症状表现不一，如咳嗽、喷嚏、啰音，甚至呼吸困难。病禽流泪，羽毛松乱，身体卷缩，头和颜面部水肿，皮肤发绀，有的有神经症状及下痢。病程长短不定，未继发其他病原体感染时病死率较低。

病理变化低致病性毒株的病例，主要表现为呼吸道及生殖道内有较多的黏液或干酪样物，输卵管和子宫质地柔软易碎。蛋鸡的卵泡畸形、萎缩，输卵管也可见到渗出物，有的病禽可见纤维素性腹膜炎及卵黄性腹膜炎，或肾脏肿大，有尿酸盐沉积。

（二）猪流感（swine influenza，SI）

潜伏期很短，几小时到数天。

（1）临床症状。

突然发病，常全群感染。病猪体温突然升高到41～42℃，食欲减退，甚至废绝，精神极度萎顿，肌肉和关节疼痛，常卧地不愿起立或钻卧垫草中，呼吸急促，呈腹式呼吸，夹杂阵发性痉挛性咳嗽。粪便干硬。眼和鼻流出黏性分泌物。病程较短，如无并发症，多数病猪可于6～7 d后康复。发病率高（接近100%），而死亡率低（常不到1%）。

（2）病理变化。

主要在呼吸器官。颈部、肺部及纵隔淋巴结明显增大、水肿，呼吸道黏膜充血、肿胀并被覆黏液，有的支气管被渗出物堵塞而使相应的肺组织萎缩。严重的病例，有支气管肺炎和胸膜炎病灶、肺水肿、脾肿大。病理变化的严重程度与引起流行的毒株有很大关系。

（三）马流感（equine influenza，EI）

潜伏期为2～10 d，多经3～4 d后发病。发病的马匹中常有一些症状轻微呈顿挫型经过，或呈隐性感染。

（1）临床症状。

典型病例表现发热，体温上升到39.5℃以内，呈稽留热。多数病马在发病第4天后因继发感染而呈复相热。此时病马精神萎顿、食欲不振，呼吸和脉博增数，而咳嗽是最主要的症状，先为剧烈干咳，逐渐变成湿咳，持续1～3周，流涕、流泪，眼睑肿胀。病马在发热期中常表现肌肉震颤，肩部的肌肉最明显。一般多取良性经过，经3～6 d即恢复正常，几乎无死亡。

（2）病理变化。

主要发生在下呼吸道。颌下、颈部及肺门淋巴结肿大，呼吸道有卡他性炎症，肺充血、出血、水肿，有的有肺炎和肺气肿，肠道有卡他性至出血性炎症，心肌变性，肝、肾浑浊肿胀，皮下及腱鞘间常有浆液性炎症。

五、诊　断

根据病的流行特点、临诊表现和病理变化可作出初步诊断。但在流行初期或呈散发性发生时，需与类似疾病作区别诊断，如猪流感应与猪肺疫、急性猪气喘病，马流感应与马腺疫、马媾疫、马支气管炎、马动脉炎、马鼻肺炎、马传贫、马钩端螺旋体病和马焦虫病，禽流感应与鸡新城疫、禽霍乱作区别诊断。

确诊应进行实验室诊断。

（一）病毒分离

以棉拭子采集气管或泄殖腔样品，或以喉头气管组织作为样品，制成10%的悬液，加抗菌素并进行低速离心后，尿囊腔接种9～11日龄鸡胚，36小时至120小时致死鸡胚，如果样品中有病毒存在，初次传代后就足以产生红细胞凝集作用。盲传三代仍无血凝作用则作阴性处理。

（二）血凝抑制试验

分离病毒做血凝抑制试验，禽流感抗血清能抑制禽流感病毒的血凝作用，ND抗血清则不能，反之亦然。在病毒分离和鉴定的同时，还要作病原的致病性试验，以确定所分离毒株是强毒株还是非致病株或低致病株（IVPI）。

（三）其他方法

AGP，ELISA，RT-PCR。

六、防　制

国外对马流感已研制出疫苗进行预防，国内也已有马流感双价（马 A1 型和马 A2 型）佐剂苗，第一年注射 2 次，间隔 3 个月，以后每年注射 1 次。有的国家对猪、禽流感也研制出了疫苗，有灭活苗和弱毒活苗两种，其效果正在进行评估。A 型流感病毒的亚型众多，而且可能经常发生变异，对猪禽来说，依靠少数几个亚型的疫苗往往不能奏效，因此，一般性的兽医卫生措施仍是目前防制本病的主要手段，必要时可对疫区实行封锁措施。

本病尚无特效治疗药物。一般用解热镇痛等对症疗法以减轻症状和使用抗生素或磺胺类药物以控制继发感染。

（一）猪流感

清洁卫生，清除发病诱因；发病后采取一般隔离措施；中草药预防：板蓝根，大青叶；治疗：解热、镇痛、抗菌。

（二）禽流感

关键是做好预防，消灭禽流感比较困难。严格的生物安全措施和健全的管理制度，防止 AIV 的传入；鸡场周围尽量避免饲养水禽；接种 AI 疫苗。组织灭活苗、油乳剂灭活苗、AI 鸡痘病毒重组基因工程疫苗。

一旦发生禽流感疫情，应及时做好扑灭工作：封锁、隔离、消毒、尸体无害处理；紧急接种，建立免疫带；发生 HPAI 时，坚决扑杀，未发鸡舍的鸡紧急接种疫苗，严加隔离和消毒，改善饲管，适当使用抗生素等药物，防止细菌病发生。

七、研究进展

朱二勇等（2016）认为治疗措施以清热解表，消炎镇痛，祛风除湿为治则。兽医临床治疗的实践证明，牛流行性感冒用中草药进行治疗，可收到理想的效果。

第二十五节 Q 热

一、Q 热概念及基本情况

Q 热是贝纳柯克斯体所致的急性传染病，是一种自然疫源性疾病。临床上起病急，高热，多为弛张热伴寒战、严重头痛及全身肌肉酸痛。少数患者尚可出现咽痛、恶心、呕吐、腹泻、腹痛及精神错乱等表现。无皮疹，常伴有间质性肺炎、肝功能损害等，外斐试验阴性。急、慢性 Q 热分别由贝纳柯克斯体的不同株所引起。

就诊科室：呼吸内科。

常见病因：牛、马、羊、蜱等携病原体传染。

常见症状：高热、弛张热伴寒战、严重头痛及全身肌肉酸痛等。

二、病　因

该病的流行呈世界性，在国内的分布也相当广泛。

（一）传染源

家畜如牛、马、羊、驴等是主要传染源，其他如骡、骆驼、犬、猪、啮齿动物和鸽、燕等家禽均可自然感染。受染动物大多外观健康，而排泄物中长期带有病原体。患者通常不是传染源，但其痰中所含病原体，偶可感染周围人群。

（二）传播途径

蜱是传播媒介，病原体通过蜱在家畜和野生动物中传播。Q 热病原体在蜱体内可存在很久，且可经卵传代，蜱粪中也含的大量的病原体。

呼吸道传播呼吸道是主要传播途径，10 个病原体即可引起疾病。病原体自动物体内排出后可成为气溶胶，干蜱粪也可污染尘埃，自呼吸道侵入人体而致病。

接触传播是另一种重要的传播途径。如兽医、牧民、屠宰场工人、皮革厂工人、实验室工作者等，以及乳肉品、皮毛加工厂工人与病畜（其羊水、胎盘、阴道分泌物等特别具传染性）、胎畜、污染脏器、畜产品、病原体培养物等的接触机会多，病原体可自皮肤破损处或黏膜进入体内，人偶被蜱叮咬，蜱粪中的病原体可通过搔破伤口而侵入。

消化道传播病畜的奶中常含病原体，巴氏消毒法不能将其全部杀灭，故饮用奶类，特别是生奶也可得病。也可因饮用生水而受染。消化道传播尚未得到证实，或许病原体其实不是从消化道侵入人体，而是人通过吸入在倾倒污染牛奶或水时形成的气溶胶而致病。

（三）易感者

人群对 Q 热病原体普遍易感，青壮年及上述职业人群的发病率较一般人群为高，流行地区隐性感染者很多，病后有持久免疫力。

该病无明显季节性，农牧区由于家畜产仔关系，春季的发病率较高。

三、临床表现

Q 热的临床表现形式多样，主要取决于进入体内病原体的数量、株别、个体的免疫力以及基础疾病。潜伏期 9 ~ 30 d，平均 17 ~ 20 d。

（一）自限性发热

为 Q 热最常见的临床表现形式。仅有发热，不出现肺炎，病程呈自限性，一般为 2 ~ 14 d。

（二）Q 热肺炎

临床上可表现为不典型肺炎、快速进展型肺炎和无肺部症状型肺炎三种形式。起病大多较急也有缓慢起病，几乎所有患者均有发热，伴有寒意或寒战，体温于 2 ~ 4 日内升高 39 至 39 ~ 40℃，呈弛张型；多数患者有明显的头痛；除发热、头痛外，尚有肌肉疼痛（尤以腰肌、腓肠肌为著）、脸及眼结膜充血、腹泻、疲乏、大汗、衰竭等表现，偶有眼球后疼痛及关节痛，无皮疹。

呼吸道症状并不突出，患者于病程 3 ~ 4 日后出现干咳、胸痛，有少量黏痰或痰中带血。体检时可在肺底闻及少许湿啰音，快随进展型肺炎有肺实变的体征。大多数患者无呼吸道症状。该型 Q 热病程一般为 10 ~ 14 天。

（三）慢性Q热

病例日益增多，值得重视。发热常持续数月以上，临床表现多样化，除易并发心内膜炎、肺炎、肝炎等外，也可伴有肺梗死、心肌梗死、间质性肾炎、关节炎和骨髓炎等，可单独或联合出现。

（四）其　他

Q热患者可合并无菌性脑膜炎和（或）脑炎，常有严重的头痛，但脑组织病变并不显著。Q热引起的脑膜炎和（或）脑炎少见，脑脊液中可有白细胞计数升高，范围从数十到数百甚至上千不等，以单核细胞为主。蛋白质含量通常升高，葡萄糖含量正常。神经系统其他并发症还有肌无力、复发性脑膜炎、视力模糊、行为异常等。Q热患者偶可发生脊椎骨髓炎、骨髓坏死、溶血性贫血等。

四、检　查

（一）血尿常规检查

白细胞计数多正常，仅少部分患者可有白细胞计数升高。血沉常增快，慢性Q热患者的血沉增快尤为显著，发热期可出现轻度蛋白尿，Q热心内膜炎患者可出现镜下血尿。

（二）血清免疫学试验

血清免疫学试验特特异性很高，常用补体结核试验（CF）、微量凝集试验、毛细管凝集试验、间接免疫荧光试验和酶联免疫吸附试验（ELISA）等。Q热急性期患者一般仅产生对Ⅱ相抗原的抗体，发热数周后才出现低效价的Ⅰ相抗体。Q热心内膜炎可出现高效价的Ⅰ相CF抗体。外斐试验呈阴性。出现Ⅱ相抗体向Ⅰ向抗体的血清转换或呈≥抗倍增高均可确诊急性Q热。

（三）分子生物学检测

目前已可用DNA探针技术和PCR技术检测标本中贝纳柯克斯体特异性DNA，特异性强，灵敏度高。对鉴别贝纳柯克斯体的急慢性感染有一定帮助。

（四）动物接种和病原体分离

取发热期患者血液 2～3 mL 接种于豚鼠腹腔内，动物发热后处死，作脾脏压印涂片检查，可见存在于胞质内的病原体，也可用鸡胚卵黄囊或组织培养分离病原体。

（五）其　他

肝功能可有轻度异常，心电图可有 T 波、ST 段等的改变。发生 Q 热心内膜炎时，超声心动图检查可发现赘生物。肝穿刺活检对诊断 Q 热肉芽肿性肝炎有相当价值。

培养方法分离立克次体，但须在有条件实验室进行，以免引起实验室内感染。

五、诊　断

Q 热的诊断有赖于流行病学、临床表现和血清学检查。疫区居住史和职业对诊断有重要参考价值。细胞免疫功能低下、既往有心脏瓣膜病变史及心脏瓣膜置换术史者出现细菌培养阴性的心内膜炎时要考虑 Q 热心内膜炎的可能。确诊要依靠血清学检查和（或）分子生物学检查，后者常需一定的条件和设备。必要时（有条件单位）做动物接种和病原体分离。Q 热的外斐试验阴性，有利于 Q 热与其他立克次体病相区别。

六、治　疗

多西环素为最有效的治疗药物，疗程不宜过短以防复发，复发再治仍有效。一般治疗和对症治疗同流行性斑疹伤寒。四环素与氯霉素对该病也具相当疗效。一般于 48 小时后退热。临床试验还证实大环内酯类和氟喹诺酮类亦相当有效。

对慢性 Q 热一般采用至少两种有效药物联合治疗，可选用多西环素联合利福平治疗，现已获得一定成效，疗程数年（一般至少为 3 年）。另一个可供选择的治疗方案是多西环素联合羟基氯喹。Q 热心内膜炎可使用羟基氯喹联合多西环素的方案，疗程 18～36 个月，可按血清学检测水平调整。替代治疗则可用多西环素联合氧氟沙星治疗 3 年或 3 年以上。用抗菌药物治疗不满意时，需同时进行人工瓣膜置换术。在抗菌药物治疗期间，每 6 个月应做抗贝纳柯克斯体抗体测定。当Ⅰ相IgA抗体效价≤体效价≤和Ⅰ相IgG抗体效价≤体效价≤贝时可终止治疗。在终止治疗后头2年内，每3个月应复查抗体一次。治疗有效时，血沉逐渐下降，贫血和高球蛋白血症可得到纠正。

七、研究进展

武文君等（2014）认为以Q热贝纳柯克斯体弱毒株Ⅱ相全菌为包被抗原建立Q热贝纳柯克斯体间接ELISA检测方法，通过方阵滴定法对抗原包被浓度和二抗反应浓度的确定及各项反应条件的优化，确定其阴阳性临界值为0.44。用本方法与IDEXXQ热抗体检测试剂盒对393份牛临床血清进行检测，检出的血清阳性率分别为11.45%和6.10%，符合率为94.66%。本试验建立的检测Q热贝纳柯克斯体的间接ELISA法具有较好的特异性及较强的敏感性。

第二十六节　布鲁氏菌病

一、布鲁氏菌病概念及基本情况

布鲁氏菌（*Brucella*）是一种短小的球杆状胞内寄生菌，可引起反刍动物睾丸炎和流产，感染人类主要症状有波状热、多汗、肌肉疼痛等。布鲁氏菌病（Brucellosis）是由布鲁氏菌属（Brucella）的细菌（简称布鲁氏菌）引起的一类传染—变态反应性的人畜共患病，是《中华人民共和国传染病防治法》规定报告的乙类传染病。

简称：布病。

英文名称：Brucellosis。

就诊科室：传染病科。

常见病因：布鲁氏菌。

传染性：有。

传播途径：①经皮肤黏膜直接接触感染，如接产员、兽医、饲养员、放牧、屠宰、挤奶等人员直接接触被病畜或病畜污染的水源、土壤、草场、工具等；②经消化道感染：主要是食用未经高温杀菌的病畜肉类，或被污染的水或其他食物，经口腔、食道黏膜进入体内。③经呼吸道感染：在饲养放牧、皮毛加工等过程中接触到了被布氏菌污染的飞沫、尘埃等。

（一）病　因

布鲁菌病由布鲁氏菌引起的。根据1985年布鲁菌专门委员会的方案，布鲁菌可分为六个生物种19个生物型，即羊种（马耳他布鲁菌，Br. melitensis）（生物型1～3）、牛种（流产布鲁菌，Br. abortus）（生物型1～7，9）、猪种（Br. suis）（生物型1～5），以及绵羊附睾种（Br. ovis）、沙林鼠种（Br. neotomae）、犬种（Br. canis）（各一个生物型）。

（二）临床表现

出现持续数日乃至数周发热（包括低热），多汗，肌肉和关节酸痛，乏力，兼或肝、脾、淋巴结和睾丸肿大等可疑症状及体征。

二、检查及诊断

（一）诊断原则

根据流行病学接触史、临床症状和体征及实验室检查结果进行综合判断。

（二）诊断标准

（1）流行病学：发病前病人与家畜或畜产品，布氏菌培养物有接触史，或生活在疫区内的居民或与菌苗生产、使用和研究有密切关系者。

（2）临床表现：出现持续数日乃至数周发热（包括低热），多汗，肌肉和关节酸痛，乏力，兼或肝、脾、淋巴结和睾丸肿大等可疑症状及体征。

（3）实验室初筛：布病玻片、虎红平板凝集反应阳性或可疑，或皮内变态反应阳性。

（4）分离细菌：从病人血液、骨髓、其他体液及排泄物中分离到布氏菌。

（5）血清学检查：标准试管凝集试验（SAT）滴度为1∶100（＋＋）及以上；对半年内有布氏菌苗接种史者，SAT滴度虽达1∶100（＋＋）及以上，过2～4周后应再检查，滴度升高4倍及以上；或用补体结合试验检查，滴度1∶10（＋＋）及以上；抗人免疫球蛋白试验滴度1∶400（＋＋）及以上。

疑似病例：具备（1）、（2）和（3）者。

确诊病例：疑似病例加（4）或（5）中任何一种方法阳性者。

三、治 疗

（一）治疗原则

（1）早治疗。诊断一经确立，立即给予治疗，以防疾病向慢性发展。

（2）联合用药，剂量足，疗程够。一般联合两种抗菌药，连用 2 ~ 3 个疗程。

（3）中医结合。中医包括蒙医、藏医和汉医。

（4）综合治疗。以药为主，佐以支持疗法，以提高患者抵抗力；增强战胜疾病的信心。

（二）基础治疗和对症治疗

（1）休息。急性期发热患者应卧床休息，除上厕所外，一般不宜下床活动；间歇期可在室内活动，也不宜过多。

（2）饮食。应增加营养，给高热量、多维生素、易消化的食物，并给足够水分及电解质。

（3）出汗要及时擦干，避免风吹。每日温水擦浴并更换衣裤一次。

（4）高热者可用物理方法降温，持续不退者也可用退热剂；中毒症状重、睾丸肿痛者可用皮质激素；关节痛严重者可用 5% ~10% 硫酸镁湿敷；头痛失眠者用阿斯匹林、苯巴比妥等。

（5）医护人员应安慰病人，做好患者思想工作，以树立信心。

（三）抗菌治疗

急性期要以抗菌治疗为主。常用抗生素有链霉素、四环素族药物、磺胺类及 TMP，另外氯霉素、利福平、氨苄青霉素也可试用。通常采用：链霉素加四环素族药物或氯霉素。链霉素 1 ~2g/d，分两次肌注；四环素族类的四环素 2g/d，分四次服；强力霉素较四环素强，仅需 0. 1 ~0. 2g/d；氯霉素 2g/d，分次服。第二为 TMP 加磺胺类药或加四环素族药。如复方新诺明（每片含 TMP 80mg，SMZ 400mg），4 ~6 片/d，分两次服。为了减少复发，上述方案的疗程均需 3 ~6 周，且可交替使用上述方案 2 ~3 个疗程。疗程间间歇 5 ~7 天。利福平为脂溶性，可透过细胞壁，抗菌谱较广，值得试用。

（四）菌苗疗法

适用于慢性期患者，治疗机理是使敏感性增高的机体脱敏，减轻变态反应的发生。方法有静脉、肌肉、皮下及皮内注射，视患者身体情况，接受程度而守。每次注射剂量依次为 40 万、60 万、80 万、200 万、350 万、1 050 万、2 550万、6 050 万菌体，每天、隔日或间隔 3 ~ 5 日注射一次。以 7 ~ 10 次有效注射量为一疗程。菌苗疗法可引起剧烈全身反应，如发冷、发热、原有症状加重，部分患者出现休克、呼吸困难。故肝肾功能不全者，有心血管疾病、肺结核者以及孕妇忌用。菌苗疗法也宜与抗菌药物同时应用。

（五）水解素和溶菌素疗法

水解素和溶菌素系由弱毒布鲁氏菌经水解及溶菌后制成，其作用与菌苗相似，疗效各说不一。

（六）中医中药疗法

祖国医学认为急性期系外感湿热病邪为患，慢性期因久病正气耗伤，风、寒、湿三气杂合，表现为虚证、血瘀、痹证和湿热等。治疗应辨证施治。急性期给予清热、利湿、解毒方剂，如三仁汤，独活寄生汤等。慢性期根据证型分别用益气阴煎，细辛牡蛎汤，复方马钱子散，逐瘀汤，化瘀丸，三黄一见喜汤，晰蜴散，穿山龙制剂等。中国科学院流研所应用白瓜丸（白芷、川草、木瓜、牛夕、防风、地骨皮、双花、乳香、当归、全虫、肉桂、生地、白芍、麦冬、甘草、连翘、青陈皮、黄连）治疗 190 例，总有效率达 93. 68% 对疼痛改善尤为显著。

针灸也有一定疗效。

（七）其他疗法

肾上腺皮质激素对中毒症状重者，伴有睾丸炎者，伴顽固性关节痛者可应用。免疫增强剂及免疫调节剂，如左旋米唑、转移因子等对调节机体免疫力可能有益。物理疗法对症治疗也可应用。

慢性期的并发症治疗可随症使用抗生素及对症措施。

第三章　人畜共患传染病预防控制的基本原则与措施

第一节　人畜共患传染病防治的基本原则

卫生部农业部关于人畜共患传染病防治合作机制如下。

为进一步加强人畜共患传染病防治工作，加强部门协调、配合，卫生部、农业部根据双方工作特点，建立以下合作机制。

一、建立人畜共患传染病防治工作协调小组组长由卫生部、农业部分管领导担任，副组长由分管司局长担任。协调小组负责防治工作、疫情处理以及相关政策制定和实施过程中的协调。

二、建立部门例会制度卫生部、农业部建立例会制度，每季度召开一次，地点可轮流选择在卫生部和农业部举行。会议目的是通报疫情和防治工作情况，对工作中出现的问题进行协商解决。根据不同时期双方工作重点，确定重点需要控制的人畜共患传染病防治病种，确定双方业务部门合作工作机制。每次例会前，双方提出会议计划研究讨论的议题，会后印发会议纪要（会议纪要编写由双方共同承担）。

三、疫情通报

（一）定期通报。双方按月通报全国人畜共患传染病的人间和动物疫情，内容包括发病地点、发病数、死亡数。

（二）不定期通报。发生人畜共患传染病暴发疫情，在接到疑似或确诊报告后 24 小时之内互相通报，内容包括发病地点、发病时间、发病数、死亡数。

四、督导检查

（一）定期开展人畜共患传染病防治工作督导检查。督导检查原则上每年开展一次，双方可根据工作需要适当增加督导检查频率。督导检查方案由双方组织专家共同制定。

（二）发生人畜共患传染病暴发疫情时，根据疫情情况，双方共同组织专家组，开展流行病学调查及实验室检测，并根据调查结果提出防治对策建议。

五、监　测

（一）双方根据各自工作需要制定相关病种的监测方案，并根据监测方案开展监测工作。监测工作中发现异常情况及时通报。

（二）在监测工作中，双方可根据工作需要，采集所需标本进行实验室分析。卫生部门主要开展人类疾病监测和检测，农业部主要负责动物疫情监测，卫生部、农业部相互通报检测结果。根据工作需要，双方相互提供所需菌毒种、相关标本及试剂。

（三）双方共同遵守《病原微生物实验室生物安全条例》，对病料保存和毒株进行严格管理，防止泄漏和扩散。

六、专家资源共享

（一）充分利用和发挥专家的作用。卫生部和农业部建立专家定期会议制度，研究讨论防治工作中所涉及的专业技术问题，并根据需要组织双方专家对疫情进行分析预测。

（二）双方互派专家进入对方领域的专家组或专家委员会。

七、研究加强合作研究，双方共同研发新发传染病的检测和诊断手段，并根据疫情及研究进展，相互提供支持。

第二节　关于人畜共患传染病的预防与控制

人畜共患传染病由于其传染来源多种多样、传播途径广泛复杂而使其防制工作极其艰难，它不但对人类健康构成了严重的危害，而且极大的破坏了经济发展和社会安定。须各级政府统一协调领导，各地区和部门齐抓共管，采取综合性预防控制措施方可有效控制人畜共患传染病的发生和流行。以下是作者对我国近年来人畜共患传染病预防控制方法的一些意见。

1. 强化组织协调

强化组织协调，完善经济基础，实行属地化管理原则，条块结合，以块为主的管理方法。即建立由各级人民政府负总责，有关部门共同参与、各司其职、各负其责的协调运行机制。制定本地区人畜共患传染病防制规划并将其纳入本地区国民经济和社会发展总体规划当中，实行目标责任制管理，对完成相关责任状指标及成绩优异者分别予以相应的奖励，对未完成者予以相应的处罚。各级人民政府要投入专项经营，用于人畜共患传染病日常防制工作和重大疫情的调查处理等。

2. 实施法制化管理

根据国家有关法规，结合本地区防制工作的实际情况，明确的划分各地区、各部门和各单位在人畜共患传染病防制工作中的职权、责任和义务，并以法律、法规的形式加以确定，地方政府在制定与传染病防控相关的公共卫生政策和预防保健策略时，同时根据国家有关人畜共患传染病防治预案和技术规范，结合本地区、本单位和部门的实际制定相应的技术规程。

3. 人畜（禽）共患传染病的8种传播类型及相关途径

人畜（禽）共患传染病的传播类型包括：传病原通过野生动物或患者直接、间接传播给人，如疟疾、黄热、伯氏考克斯特、鼠疫、绦毛虫病等；疾病原从野生动物经家禽、家畜传播给人，如A型流行性感冒（流感）及禽流感、狂犬病、猫抓病（巴尔通体）、疯牛病、布氏杆菌病、北极棘球蚴病等；牛病原由家畜（禽）直接传给人，如鹦鹉热、利什曼原虫病、日本血吸虫病、念珠真菌病、棘球病等；鹉无明确的宿主特异性，宿主可以是野生动物，也可以是家畜或人，如霍乱、炭疽、旋毛虫病、沙门菌感染、轮状病毒感染、诺如病毒感染等；乱病原在人与人之间传播并传给家畜，如诺如病毒感染、人型结核、冈比锥虫病和利什曼原虫病；如病原由人经家畜传播给野生动物，如日本血吸虫病；本病原从人传给野生动物，如阿米巴病和南美猴疟；米人和家畜是猪带绦虫和牛带绦虫病病原的宿主。

总之，动物病原可以通过唾液、粪-口途径或经皮肤、黏膜创伤传染给人。钩端螺旋体病、布氏杆菌病、猪丹毒、口蹄疫、炭疽、鼠疫可以通过皮肤创伤感染人；吃污染的肉类、蔬果引起食物中毒，如沙门菌、大肠杆菌污染畜禽肉引起人畜急性胃肠炎；吃生鱼引起华支睾吸虫病；吃半生不熟的病畜肉引发旋毛虫病。开放性肺结核患者通过咳嗽、喷嚏所形成的飞沫。

将结核传播给牛、猪、犬。诺如病毒肠炎患者可通过污染的食物、唾液飞沫传播他人或家畜、宠物。动物的皮、毛垢屑里带有病毒、细菌，还有吸血性的疥螨、虱子、跳蚤、蜱、蚊虫、白蛉、吸血蝇，常是疾病的传播媒介。人类因缺乏相应抗体和免疫力，野生动物中携带的病毒、细菌、立克次体、螺旋体在人类猎捕、屠宰、食用过程中进入人体，可引起致死性传染病，如肺鼠疫、埃博拉出血热、SARS。

4. 人畜（禽）共患传染病，给人类带来严重的经济负担

人畜（禽）共患传染病的暴发，能影响一个国家、一个区域，甚至整个世界的经济，并产生一些无法估计的劳动力损失、潜在风险和政治社会影响，同时

给医务工作增加了沉重的压力，给全球公共卫生事业带来巨大的经济负担。

5. 人畜（禽）共患传染病的防控和对策

一是严把饮食卫生关。人畜（禽）共患传染病的传播途径多种多样。加强饮水、饮食卫生，严禁食用病畜（禽）的肉、奶制品。控制可能污染水源食品的途径，对洪水造成的水源污染必须首抓饮用水的消毒处理。把住“病从口入”的关卡，是预防人畜（禽）共患传染病的关键。

二是注意个人卫生。饭前便后、接触可疑污染物品（包括钱币）后，立即用肥皂洗手；保持个人与环境卫生，居室工作场所空气流通；严防带菌（毒）物品和污染的手触摸口鼻黏膜、眼结膜；人类生活区要远离动物饲养区；宠物、家畜饲养爱好者应学习人畜（禽）共患传染病的防治知识，定期对宠物进行疫苗接种；杜绝与宠物拥抱、亲吻、同床共寝、同桌吃饭等现象，避免过分亲热；动物咬伤后，应立刻求治。

三是捕杀淘汰。做好消毒隔离凡家禽确诊患有高致病性禽流感时，应立即对3 km以内的禽只捕杀后深埋，对污染物做好无害化处理；划定疫区，立即进行封锁，彻底消毒，切断传播途径。发现口蹄疫时应及时诊断，上报疫情，捕杀病畜；对剩余饲料、牲畜饮用水和相应污染物品进行销毁或彻底消毒灭菌；对疫区、受威胁区进行隔离消毒；对没有感染的牲畜实行紧急免疫接种，严防疫病扩散。对疯牛病病牛和所在牛群屠宰焚烧，严禁使用动物骨粉和肉粉作饲料；对疯牛病流行国家的牛、牛肉等相关制品，应严把进口关，做好医用牛器官和相关制品的管理，提高我国检测疯牛病的快速确诊水平。怀疑患尼帕病毒脑炎和感染戊型肝炎的带毒猪，要捕杀深埋，烧毁猪舍。彻底灭蚊，捕杀蚊类幼虫，做好相应的消毒、隔离工作，严防发生新的传播。

四是及时进行畜禽预防接种。有针对性、有计划地对畜禽进行预防接种。对疫区周围和非疫区畜群要进行紧急预防接种和补种，及时隔离观察疑似患病的畜禽；必要时展开像预防SARS一样的“群防群治，人人迎战”运动。

五是提高诊治和监测能力。对患者做好早确诊、早隔离、早治疗，严防传染他人。建立和积累检测各种新发人畜（禽）共患传染病的技术（含试剂）标准；更深入研究各种动物病原特征；建立在自然界和实验室都能检测新发病原致病决定基因的方法。增强人畜（禽）共患传染病的疫苗研发能力，研发抗病毒、细菌及各种其他病原的治疗药物，建立相应的抗耐药措施。

六是政府宏观调控。在全国建立人畜一体化的卫生防疫体系，并与国际联盟接轨。

第三节 跨省调运乳用种用动物产地检疫规程

一、适用范围

适用于中华人民共和国境内跨省（区、市）调运种猪、种牛、奶牛、种羊、奶山羊及其精液和胚胎的产地检疫。

二、检疫合格标准

1. 符合农业部《生猪产地检疫规程》《反刍动物产地检疫规程》要求。
2. 符合农业部规定的种用、乳用动物健康标准。
3. 提供本规程规定动物疫病的实验室检测报告，检测结果合格。
4. 精液和胚胎采集、销售、移植记录完整，其供体动物符合本规程规定的标准。

三、检疫程序

1 申报受理

动物卫生监督机构接到检疫申报后，确认《跨省引进乳用种用动物检疫审批表》有效，并根据当地相关动物疫情情况，决定是否予以受理。受理的，应当及时派官方兽医到场实施检疫；不予受理的，应说明理由。

2 查验资料及畜禽标识

2.1 查验饲养场的《种畜禽生产经营许可证》和《动物防疫条件合格证》。

2.2 按《生猪产地检疫规程》、《反刍动物产地检疫规程》要求，查验受检动物的养殖档案、畜禽标识及相关信息。

2.3 调运精液和胚胎的，还应查验其采集、存储、销售等记录，确认对应供体及其健康状况。

3 临床检查

按照《生猪产地检疫规程》《反刍动物产地检疫规程》要求开展临床检查外，还需做下列疫病检查。

3.1 发现母猪，尤其是初产母猪产仔数少、流产、产死胎、木乃伊胎及发育不正常胎等症状的，怀疑感染猪细小病毒。

3.2 发现母猪返情、空怀，妊娠母猪流产、产死胎、木乃伊等，公猪睾丸肿胀、萎缩等症状的，怀疑感染伪狂犬病毒。

3.3 发现动物消瘦、生长发育迟缓、慢性干咳、呼吸短促、腹式呼吸、犬坐姿势、连续性痉挛性咳嗽、口鼻处有泡沫等症状的，怀疑感染猪支原体性肺炎。

3.4 发现鼻塞、不能长时间将鼻端留在粉料中采食、妞血、饲槽沿染有血液、两侧内眼角下方颊部形成“泪斑”、鼻部和颜面变形（上额短缩，前齿咬合不齐等）、鼻端向一侧弯曲或鼻部向一侧歪斜、鼻背部横皱褶逐渐增加、眼上缘水平上的鼻梁变平变宽、生长欠佳等症状的，怀疑感染猪传染性萎缩性鼻炎。

3.5 发现体表淋巴节肿大，贫血，可视黏膜苍白，精神衰弱，食欲不振，体重减轻，呼吸急促，后驱麻痹乃至跛行瘫痪，周期性便秘及腹泻等症状的，怀疑感染牛白血病。

3.6 发现奶牛体温升高、食欲减退、反刍减少、脉搏增速、脱水，全身衰弱、沉郁；突然发病，乳房发红、肿胀、变硬、疼痛，乳汁显著减少和异常；乳汁中有絮片、凝块，并呈水样，出现全身症状；乳房有轻微发热、肿胀和疼痛；乳腺组织纤维化，乳房萎缩、出现硬结等症状的，怀疑感染乳房炎。

四、实验室检测

1 实验室检测须由省级动物卫生监督机构指定的具有资质的实验室承担，并出具检测报告（实验室检测具体要求见附表：跨省调运种用乳用动物实验室检测要求）。

2 实验室检测疫病种类

2.1 种猪：口蹄疫、猪瘟、高致病性猪蓝耳病、猪圆环病毒病、布鲁氏菌病。

2.2 种牛：口蹄疫、布鲁氏菌病、牛结核病、副结核病、牛传染性鼻气管炎、牛病毒性腹泻/黏膜病。

2.3 种羊：口蹄疫、布鲁氏菌病、蓝舌病、山羊关节炎脑炎。

2.4 奶牛：口蹄疫、布鲁氏菌病、牛结核病、牛传染性鼻气管炎、牛病毒性腹泻/黏膜病。

2.5 奶山羊：口蹄疫、布鲁氏菌病。

2.6 精液和胚胎：检测其供体动物相关动物疫病。

五、检疫结果处理

1 参照《生猪产地检疫规程》《反刍动物产地检疫规程》做好检疫结果处理。

2 无有效的《种畜禽生产经营许可证》和《动物防疫条件合格证》的，检疫程序终止。

3 无有效的实验室检测报告的，检疫程序终止。

六、检疫记录

参照《生猪产地检疫规程》《反刍动物产地检疫规程》做好检疫记录。

参考文献

陈灏珠 . 2005. 实用内科学 [M]. 第 12 版 . 北京：人民卫生出版社 . 457- 490.

董奇 . 2000. 微生物学及检验技术实验指导 [M]. 广州：广东科技出版社 .

高淑芬 . 1994. 中国布鲁氏菌病及其防治（1982—1981）[M]. 北京：中国科学技术出版社 .

回健人，徐兴江，李福兴 . 1986. 布鲁氏菌酚不溶性组分治疗慢性布鲁氏菌病 54 例临床观察 [J]. 中华内科杂志，25（8）：488.

吉林省地方病第一防治研究所 . 1983. 布鲁氏菌病讲义 [R]. 白城 .

姜海，崔步云，赵鸿雁，等 . 2009. AMOS-PCR 对布鲁氏菌种型鉴定的应用 [J]. 中国人兽共患病学报，25（2）：107 − 108.

姜顺求 . 1986. 布鲁氏菌病防治手册 [M]. 北京：人民卫生出版社 .

金根源 . 1982. 去除内毒素的布鲁氏菌治疗菌苗临床应用和疗效顽续氮 [J]. 中国地方病学杂志，4：259.

李兰玉，邱海燕，尚德秋 . 2000. 牛种布鲁氏菌 31Kda 蛋白基因引物的 PCR 试验 R 因引物的 [J] . 中国地方病防治杂志，15（4）：196 − 198.

刘秉阳 . 1989. 布鲁氏菌病学 [M]. 北京：人民卫生出版社 .

龙振洲 . 医学免疫学 [M]. 上海：同济大学出版社 .

马恒之 . 1985. 布鲁氏菌病 [M]. 银川：宁夏人民出版社 .

[美] J. 萨姆布鲁克，E. F. 弗里奇，T. 曼尼阿蒂斯 . 1996. 分子克隆实验指南（第二版）[M]. 北京：科学出版社 .

尚德秋 . 1987. 布鲁氏菌病的免疫和发病机理的研究 [M]. 北京：中华流行病学杂志编辑部 .

尚德秋 . 1994. 中国八十年代布鲁氏菌病防治研究进展 [M]. 北京：中国科学技术出版社 .

孙钢，王晨光 . 2002. 脊柱非血管性介人治疗 [M]：济南：山东科学技术出版社，168 − 170.

唐浏英，尚德秋，李元凯，等 . 1995. 应用分子生物学技术检测布氏菌抗原的研究［J］. 中国地方病防治杂志，10（4）：199－201.
吴阶平 . 2005. 吴阶平泌尿外科学［M］. 济南：山东科学技术出版社，51－84，221－358.
余贺 . 1983. 医学微生物学［M］. 北京：人民卫生出版社 .
张亮，张蕾，张芳琳，等 . 2009. 羊布鲁菌外膜蛋白 Omp22 的原核表达及鉴定［J］. 科学技术与工程，9（14）：1671－1819.
中国医学科学院流行病学微生物学研究所布鲁氏菌病室 . 1983. 布鲁氏菌病实验研究技术［M］. 北京 .
中国医学科学院流研所等 . 1976. 布鲁氏菌病［M］.
中华人民共和国卫生部地方病防治局 . 1982. 布鲁氏菌病 . ——外资料选编［M］.
邹典定 . 2002. 现代儿科诊疗学［M］. 北京：人民卫生出版社 . 490－492.
AI Martín-Martín，P Caro-Hernández，A Orduña，et al. 2008. Importance of the Omp25 /Omp31 family in the internalization and intracellular replication of virulent B. ovis inmurine macrophages and HeLa cells. Microbes and Infection，10：706－710.
Anne-Claude G，Markus B，Roland K，et al. 2002. Functional organization of the yeast proteome by systematic analysis of protein complexes［J］. Nature，415（10）：141－146.
Anne-Claude G，Patrick A，Poland K，et al. 2006. Proteome survey reveals modularity of the yeast cell machinery［J］. Nature，444（3）：631－636.
Cassataro J，Pasquevich K，Bruno L，et al. 2004. Antibody reactivity to Omp31 from Brucella melitensis in human and animal infections by smooth and rough Brucella［J］. Clin Diagn Lab Immunol，11（1）：111－114.
C Loeckaert A，Vergerm，Grayon M，et al. 2008. Classification of Brucella spp. Isolated from marine manuals by DNA polymorphism at the Omp2 locus［J］. Microbes Infect，3：729－773.
Delvecchio G，Kapat V，Redkat J，et al. 2002. The genome of Brucella melitensis［J］. VetMicrobio，1，90（1）：587－592.
Jurgen K，Torsten S. 2004. The SWISS-MODEL Repository of annotated three-dimensional protein structure homology models［J］. Nucleic Acids Res，32，D230－D234.
Kiefer F，Avnold K，Kunzli M，et al. 2009. The SWISS-MODEL Repository and as-

sociated resources [J]. Nucleic Acids Res, 37, D387 - D392.

Kim JS, Chang JH, Seo WY, et al. 2000. Cloning and characterization of a 22 kDa outer-membrane protein (Omp22) from Helicobacter pylori [J]. Mol Cell, 10 (6): 633 - 643.

L. Zerva, K. Bourantas, S. Mitka, et al. 2001. Serum is the preferredclinical specimen for diagnosis of human brucellosis by PCR [J]. J Clin Microb, 39 (4), 1 661 - 1 664.

Pappas G, Papadimitriou P, Akritidis N, et al. 2006. The new global map of human brucellosis [J]. Lancet InfectDis, 6: 91 - 99.

Queipo-Ortuno, I. M. , P. Morata,, et al. 1997. Rapid diagnosis ofhuman brucellosis by peripheral-blood PCR assay [J]. J ClinMicrobiol, 35 (11): 2927 -2930.

Rathinavelu S, Kao JY, Zavros Y, et al. 2005. Helicobacter pylori outer membrane protein 18 (Hp1125) induces dendritic cell maturation and function [J]. Helicobacter, 10 (5): 424 - 432.

Silvia M, Estein P. 2004. Immunogenicity of recombinant Omp31 from Brucella melitensis in rams and serum bactericidal activity against B. ovis [J]. Veterinary Microbiology, 102: 203 - 213.

Srecvatsan S, Bookout B, Ringpis F, et al. 2000. A multiplex approach to Molecular detection of Brucella abortus and/or M ycobacterium bovis infection in cattle [J]. J Clin Micobio, 1, 38 (7): 2 602 - 2 610.

附录一　我国现行兽医行政管理体制

兽医行政管理体制是管理动物疾病防疫检疫工作的最高组织形式以及在最高组织形式下的管理模式、管理机构、人才队伍、法律法规及法律体系。每个国家的兽医行政管理体制不尽相同，但是却又有相通之处。国家的兽医行政管理体制是合理是否完善，关系到国家动物和人们公共卫生安全的状况，关系到畜牧业能否健康发展。

国际公认的行之有效的兽医制度是官方兽医制度，官方兽医制度是国际兽医局在《国际动物卫生法典》中明确提出的一个兽医行政管理制度。官方兽医制度规定动物从饲养开始，到屠宰运输加工动物食品、动物制品等动物产品，再到全球市场买卖交易这一市场流通的整个过程以及动物出入境检疫检验等所有环节，必须在统一的，详细的，高效的动物防疫检疫机制下监督管理。官方兽医制度具有垂直管理的特点，通过各国行政体制的支持，以科学高效的动物防疫检疫技术作为依托，成为一个科学的、系统的、完整的兽医行政管理制度。极大地维护了兽医工作和兽医行政管理体制的合法性、公正性、权威性、科学性。官方兽医制度具有普遍性，这一性质让全世界兽医制度有了一个比较规范的统一的标准，从而保证了全球动物的安全和动物产品质量标准的统一。降低了动物疾病蔓延的风险，维护了全球人民的健康和人身安全。从世界各个国家的官方兽医制度来看，大致形成了三种兽医行政管理制度：

欧盟成员国和非洲大部分国家组成一个类型，它们属于典型的垂直管理的官方兽医制度，典型的国家就是郁金香和风车之国——荷兰。北美洲几个国家例如美国、加拿大，它们的联邦垂直管理和各州共同管理的兽医官制度组成了第二种类型。以澳大利亚、新西兰为首的大洋洲国家，它们是州垂直管理的政府兽医制度。

除官方兽医制度之外，还有执业兽医制度。所谓执业兽医，顾名思义，就是通过参加执业兽医考试，取得执业兽医资格证，通过注册得到国家允许方可上岗的兽医人员。他们同样从事动物疾病的防疫、诊断。治疗受疾病折磨的动物。同时他们还从事动物保健，动物美容等其他工作。为保护动物和人类的安全做出自己的贡献。执业兽医制度要求兽医人员必须有专业的学历，通过接受严格的正式的兽医教育，经过专业考试合格以后，方可申请从事相关兽医工作。执业兽医人员必须有职业操守，在这个行业中严于律己。执业兽医制度辅助官方兽医制度，共同为国家的兽医行政管理和公共卫生贡献自己的力量，使得国家的兽医行政管理体制趋于合理和规范。

附录二　布病研究专题1：布鲁氏菌荧光定量PCR检测分析

摘要　本研究为探析荧光定量PCR检测布鲁氏菌的临床价值，通过研究PCR法的重复性和敏感性，建立了布鲁氏菌采用复合探针荧光定量PCR检测的方法，对布鲁氏菌病进行诊断和筛选。表明复合探针荧光定量PCR检测布鲁氏菌具有较高的特异性，为100%。同时，在五次重复实验中，阴性和阳性质控品的检测CV值均小于5%。说明采用复合探针荧光定量PCR法检测布鲁氏菌具有较高的准确性，有助于诊断和筛选布鲁氏菌病，具有一定的推广应用价值。

关键词　荧光定量PCR，布鲁氏菌

布鲁氏菌病是因为感染布鲁氏菌而诱发的一种传染病，具有流行广、危害严重等特点，有报道显示，野生动物、多种家畜以及人类均可能感染布鲁氏菌，容易诱发慢性关节炎、发热、神经损害以及流产等，是比较重要的一种生物恐怖剂和生物战剂（高正琴等，2011）。当前在诊断布鲁氏菌病时，血清学和细菌学技术是比较常用的方法，但是检出率不高，容易出现假阴性或者假阳性。因此，本研究对布鲁氏菌采用荧光定量PCR检测的价值进行了探讨，现报道如下。

1　结果与分析

1.1　荧光定量PCR检测的特异性和敏感性

复合探针荧光定量PCR检测布鲁氏菌具有较高的特异性，为100%，可以对1×10^{1}CFU/mL细菌进行检测，并且对（1×10^{1}）~（1×10^{6}）范围内的模板进行定量（表1）。

表 1　荧光定量 PCR 检测的敏感性

样本浓度	Ct 值
1×10^1	25.872
1×10^2	29.551
1×10^3	31.832
1×10^4	34.072
1×10^5	39.127
1×10^6	0.000

1.2　荧光定量 PCR 法检测的重复性

在五次重复实验中，阴性和阳性质控品的检测 CV 值均小于 5%（表 2）。

表 2　检测质控品的重复性

样本 Sample	Ct1	Ct2	Ct3	Ct4	Ct5	批内 Cv% Batch within Cv%	批间 Cv% To batch Cv%
阴性质控品 Negative control	0	0	0	0	0	0	0
临界阳性质控品 Critical positive control materials	33.3	32.8	33.2	33.4	33.8	1.1	1.4
阳性质控品 Positive control materials	21.8	21.1	21.5	21.1	21.4	1.9	1.7

2　讨　论

当前在对布鲁氏菌病进行诊断时，比较常用的方法有两种，分别是细菌学和血清学，其中血清学具有多种多样的方法，但是可操作性、敏感性以及特异性均不高；细菌培养虽然可以明确病原体，但是在分离培养中，布鲁氏菌的要求较高，阳性率不高，并且在进行分离时，如果操作不当，不仅容易导致操作人员感染布鲁氏菌，在一定程度上还增加了病原菌从实验室扩散的风险（吴忠华等，2011）。随着现代生物分子学水平的提高。聚合酶链反应技术因为具有操作简单、灵敏度高、特异性高以及检测快等诸多优点，被广泛运用在临床上，尤其是细菌性传染病流行病学的诊断和调查中（王国良等，2012）。相比较传统 PCR 技术而言，实时荧光定量 PCR 技术具有检测范围广、准确率高、可操作性强等诸多优点，已经成为快速定量检测微生物如病毒、细菌等的一种首选技术（刘志国等，2012）。在本次研究中，根据布鲁氏杆菌BSCP31基因标志序列，设计特异引物，运用复合探针荧光定量PCR技术分别对牛种和羊种布鲁氏菌进行了分析，所有阴性菌株的检测均为阳性，并且阳性菌株和阳性对照的检测也显示为阳性，特异性为100%，说明布鲁氏杆菌采用荧光定量PCR检测具有较好的重复性、特异性以及灵敏度，这与石丽瑞等（2014）研究报道基本一致。同时，郝俊伟等（2014）在研究中，将布鲁氏菌BCSP31株的基因序列作为基本依据，分别设计了6种特异性引物，通过检测18个种28株非布鲁氏菌和6个种22株布鲁氏菌，表明荧光定量PCR法检测布鲁氏菌具有较高的敏感性和特异性。

综上所述，在布鲁氏菌的临床诊断中，运用复合探针荧光定量PCR法，不仅具有较高的敏感性、重复性和特异性，还能准确辨别、快速检测布鲁氏病原菌，在一定程度上可以为诊断和筛选布鲁氏菌病提供有效依据，具有一定的推广价值。

3　材料与方法

3.1　菌种和试剂

选择中国兽医药品监察所提供的牛种布鲁氏菌和羊种布鲁氏菌，其中20株为阴性特异性参考菌株，再选择疾病预防与控制中心提供的非布鲁氏菌60株，运用荧光标记试剂套装（美国Transgenomic公司），选择Promega公司提供的PCR产物回收试剂盒。

3.2　方　法

3.2.1　提取核酸方法

在沸水中对细菌参考品109 FU/mL × 50 μL进行10 min的煮沸，以10 000 ×g的转速进行2 min离心后，选择上清2 μL作为PCR模板。

3.2.2　测定PCR敏感性

选择（1×10^{1}）～（1×10^{6}）不同菌素的细菌参考品各50 μL，再分别加入提取液50 μL DNA，均匀混合后，再进行10 min的加热煮沸，然后在40℃条件下进行10 min放置，离心处理后，选择2 μL上清作为模板，并按照说明书要求，对PCR的敏感性进行检测。

3.2.3　测定PCR的重复性

在提取临界阳性、强阳性质以及阴性质控品时，可以采用直接水煮法，按照上述处理方法，分别取 2 μL 上清作为模板，实时进行荧光 PCR 检测，重复进行 3 次批间测定，反复进行 5 次批内测定，计算批内与批间的差异，并对这一方法的重复性进行评价。

3.3 制备标准曲线

在本次研究中，标准品 DNA 模板为基因片段的 PMD18 - T 质粒，分析质粒标准品的重复性和敏感性，分别选择 2 μL DNA 载量不同的质粒参考品（1×10^6、1×10^5、1×10^4、1×10^3、1×10^2、1×10^1）进行荧光定量 PCR 检测。

附录三　布病研究专题2：构建布鲁氏菌毒力缺失疫苗株的研究

摘要　目的：构建出能够区分自然免疫和人工免疫并具低毒性的布鲁氏弱毒菌株；**方法**：在S19弱毒菌株的基础上通过一系列手段获得布鲁氏菌Bp26蛋白、Bmp18蛋白双缺失株，待遗传学鉴定合格后用于小鼠实验，将120只小鼠分为实验组、S19对照组和空白对照组三组，将双基因缺失株和S19弱毒株培养24h后离心收集菌体，使用PBS清洗重悬后进行细菌计数，实验组小鼠腹腔接种检验合格的双基因缺失株5×10^5CFU的剂量，病菌对照组腹腔接种S19弱毒菌株5×10^5CFU的剂量，空白对照组腹腔注射同等体积的PBS溶液，观察分析Bp26蛋白做抗原的免疫原性、双基因缺失菌株的毒力情况和免疫应答情况；**结果**：双基因缺失株具有遗传稳定性，采用Bp26蛋白做抗原对三组小鼠的免疫原性测定，结果发现实验组40只小鼠均未表现出免疫原性，S19对照组40只小鼠中有28只表现出了免疫原性，占70%，空白对照组40只小鼠均未表现出免疫原性，且双基因缺失株与原S19弱毒株的免疫应答基本一致，且更为安全。**结论**：剔除Bp26蛋白和Bmp蛋白的基因的双基因缺失株能稳定遗传，免疫应答与S19弱毒株基本一致，且更为安全。

关键词　基因工程；布鲁氏菌；免疫应答

有研究表明，布鲁氏菌Bp26蛋白在家畜和人的身上均表现出了较高的免疫原性，并且可用于诊断抗原，布鲁氏菌蛋白Bmp18是其重要的毒力因子之一。试想，我们将布鲁氏菌S19株指导产生Bp26蛋白和Bmp蛋白的基因剔除，降低其毒性并用它来免疫动物，再用Bp26蛋白做抗原来检测感染动物，就可能区分动物是自然感染还是人工接种。本次研究正是基于此设想进行。

1 材 料

1.1 基本材料

载体、菌株、质粒有：布鲁氏菌 S19 株、DH5[a]、pBluescript SK$^+$、pBK－CMV、pSP－Luc NF$^+$、pIB279、pMD18－T simple vector；主要试剂有：T4 DNA 连接酶、限制性核酸内切酶、DNA 聚合酶Ⅰ（Klenow 大片段）、LA－Taq DNA polymerise 、大肠杆菌 DNA 聚合酶Ⅰ、质粒 DNA 提取试剂盒、1 kb DNA Ladder Marker、萤光素酶检测系统、DNA 凝胶回收试剂盒等。

1.2 肝汤培养基的制备

将新鲜的牛肝 500 g 去除筋膜和脂肪后铰碎，将绞碎后的牛肝与 1 000 mL 自来水混合，置于锅中煮沸 1 h，过滤后加水补足至原量，再加入 10 g 蛋白陈、5g NaCl。加入琼脂 20 g 到 1 000 mL 上述培养基中，高压灭菌后备用。

1.3 研究用老鼠

本次研究使用的 120 只 5～6 周龄的雌性 Balb/c 小鼠、垫料、鼠粮均来自广东省医学实验动物中心。

2 方 法

在 S19 菌株的基础上通过一系列手段获得布鲁氏菌 Bp26 蛋白、Bmp18 蛋白双缺失株，并对其遗传稳定性和生物学稳定性进行鉴定，待鉴定合格后用于小鼠实验。将 120 只小鼠随机分为实验组、S19 对照组和空白对照组三组，将双基因缺失株和 S19 弱毒株培养 24h 后离心收集菌体，使用 PBS 清洗重悬后进行细菌计数，按 10^8CFU 的量调整菌液的浓度。实验组小鼠腹腔接种检验合格的双基因缺失株 5×10^5CFU 的剂量，病菌对照组腹腔接种 S19 弱毒菌株 5×10^5CFU 的剂量，空白对照组腹腔注射同等体积的 PBS 溶液。使用 Bp26 蛋白做抗原，进行免疫原性测定，在接种 3 h 内观察三组老鼠的存活情况，并进一步判定菌株的毒力情况，并在之后的 8 周内每隔一周取三只老鼠眼窦静脉采血分离血清，评估其免疫应答能力。

3　结　果

3.1　遗传稳定性

将得到的双基因缺失菌株传至20代，用PCR验证，并用萤光素酶表达验证，结果显示得到的双基因缺失株具有遗传稳定性。

3.2　免疫原性表现情况

采用Bp26蛋白做抗原对三组小鼠的免疫原性测定，结果发现实验组40只小鼠均未表现出免疫原性，S19对照组40只小鼠中有28只表现出了免疫原性，占70%，空白对照组40只小鼠均未表现出免疫原性，结果见表1。

表1　三组老鼠免疫原性表达情况

组别	n	表现免疫原型	百分比
实验组	40	0	0.0%
S19对照组	40	28	70.0%
空白对照组	40	0	0.0%

3.3　缺失株对小鼠的毒力测定

接种后1～2d，实验组和S19对照组老鼠均出现了轻微的被毛凌乱、精神萎靡现象，但均在3d内恢复正常，空白对照组则无明显变化，表明缺失株对老鼠的安全性较好。之后每隔一周随机抽取3只老鼠整体称重，并取脾称重，以脾脏质量/10^{-1}总质量来表示脾脏质量指数，结果显示S19弱毒菌注射后会使得小鼠的脾脏明显增大，该增大会随时间推移逐渐减弱。双基因缺失株会引起小鼠脾脏轻微增大，该增大也会随时间推移逐渐减弱，结果见表2。

表2　三组小鼠不同时间的平均脾脏质量指数比较

组别	脾脏质量指数			
	2周	4周	6周	8周
实验组	0.72	0.61	0.55	0.52
S19对照组	1.76	0.94	0.83	0.75
空白对照组	0.51	0.52	0.50	0.48

3.4　三组小鼠抗体产生情况比较

使用IELISA检测方法检测血清中抗体的产生量，结果显示实验组小鼠和S19对照组小鼠抗体水平随时间变化趋势基本一致，且均在免疫小鼠后4周时达到峰值，其抗体量下降趋势也基本相同，直至维持在稳定的同等水平内，说明双基因缺失能引起小鼠产生相应程度的免疫应答。

4 讨 论

布鲁氏菌病一种人畜共患的疾病，广泛流行于世界各地，且近几年人和动物的发病率逐渐上升，严重威胁人类健康。布鲁氏菌病的致病菌为小球杆状布鲁氏菌，世界各地每年因布鲁氏菌的经济损失达到数十亿美元。目前，主要是通过接种疫苗的方法来防治该病，但布鲁氏菌的疫苗种类繁多，DNA 疫苗和重组蛋白疫苗的作用有限，而灭活疫苗的保护期又短。临床使用最为广泛的是 S19 弱毒株疫苗，此疫苗比 DNA 疫苗和重组蛋白疫苗效果更好，但同样存在不能辨别人和动物，不能识别人工接种免疫和自然感染的缺陷，不利于该病的流行病学调查和疫源的查探。其次是该种弱毒株疫苗的毒性大，存在严重的返祖现象，对人和动物会造成伤害，甚至引发布鲁氏菌病。所以当务之急是构建出一株能够区分自然感染和人工主动免疫且保护力好，毒性弱甚至无毒的疫苗。本次研究结果显示剔除 Bp26 蛋白和 Bmp 蛋白的基因的双基因缺失株能稳定遗传，免疫应答与 S19 弱毒株基本一致，且更为安全，这为临床布鲁氏菌病疫苗研制提供了一种新的思路。